场所的表征

场所的表征
城市设计中的现实与现实主义

[美]彼得·博塞尔曼　著

闫晋波　杨　芸　译

中国建筑工业出版社

著作权合同登记图字：01-2016-8961号

图书在版编目（CIP）数据

场所的表征：城市设计中的现实与现实主义 / （美）彼得·博塞尔曼著；闫晋波，杨芸译. — 北京：中国建筑工业出版社，2020.2
书名原文：Representation of Places：Reality and Realism in City Design
ISBN 978-7-112-24613-7

Ⅰ.①场… Ⅱ.①彼… ②闫… ③杨… Ⅲ.①城市规划—建筑设计—研究 Ⅳ.①TU984

中国版本图书馆CIP数据核字（2020）第022505号

本书经美国加利福尼亚大学出版社正式授权中国建筑工业出版社独家翻译、出版

责任编辑：董苏华　率　琦
责任校对：赵听雨

场所的表征
城市设计中的现实与现实主义
[美] 彼得·博塞尔曼　著

闫晋波　杨　芸　译

*
中国建筑工业出版社出版、发行（北京海淀三里河路 9 号）
各地新华书店、建筑书店经销
北京雅盈中佳图文设计公司制版
北京中科印刷有限公司印刷
*
开本：850×1168 毫米　1/16　印张：12¼　字数：279 千字
2020 年 5 月第一版　2020 年 5 月第一次印刷
定价：58.00 元
ISBN 978-7-112-24613-7
　　　（35273）

致多利特（Dorit）、西娅（Thea）、索菲娅（Sophia）和玛格丽特（Margerete）

目 录

致 谢

许多朋友协助我准备了这本书的手稿。普亚·库马尔（Puja Kumar）绘制了历史地图，谢丽尔·帕克（Cheryl Parker）整整一年利用每周二上午的时间把 39 幅在威尼斯漫步的照片画成线描图。托马斯·克朗－迈尔（Thomas Krone-Meyer）不仅绘制了足迹图和历史地图，而且还用计算机技术给位于阿西西的密涅瓦神庙建立了模型（Minerva Temple in Assisi），他兢兢业业的工作远超出了我对一个课业繁忙的研究生的预期。詹妮弗·艾弗里（Jennifer Avery）准备了第 1 章中多视点的透视图，这并非易事，她在拍照中正确地找到了伯鲁乃列斯基（Brunelleschi）从佛罗伦萨大教堂（Santa Maria del Fiore）绘画圣若望洗礼堂的透视点。詹妮弗还完成了旧金山这一章内容的计算机渲染图，并辅导了所有其他计算机生成的图像制作。杰夫·克拉克（Jeff Clark）在最后阶段的图片渲染工作中提供了重要的帮助。我的首批博士生之一雷·伊萨克（Ray Isaacs）致力于研究"行人路线与时间感知"，他制作了旧金山市电脑模型的系列图像。来自米兰的莱拉·波佐（Leila Pozo）在伯克利环境模拟实验室工作，继续致力于雷·伊萨克和其他同学建立的旧金山市电脑模型的研究。

米雷尔·罗迪耶（Mirelle Rodier）绘制了时代广场这一章的线描图，并绘制了第 8 章密度研究中由环境模拟实验室来自哥本哈根的洛特·约翰逊（Lotte Johansen）所设计的街区立面图，洛特的工作影响了密度研究的各个方面。

来自乌迪内（Udine）的斯蒂芬诺·范图兹（Stephano Fantuz）连续两年学习视觉模拟。我很感谢他联系了佛罗伦萨大教堂的管理者打开大教堂的主门，他用一台特殊的相机再现了伯鲁乃列斯基 90° 视点的图像。大教堂之门缓缓旋开，并在门内找到伯鲁乃列斯基的视点位置的经历令人难忘。

吉姆·伯格多尔（Jim Bergdoll）帮助我完成了关于达芬奇和伯鲁乃列斯基的文献研究。

加利福尼亚大学伯克利分校城市和区域规划系的创建者和荣誉教授杰克·肯特（Jack Kent）阅读了这本书的早期文稿并给予了评论建议。杰伊·克莱伯恩（Jay Claiborne）、雷蒙德·利夫切斯（Raymond Lifchez）、内扎尔·阿尔萨耶德（Nezar Alsayyad）阅读了后续版本的文稿并给予了宝贵的建议。我的好友艾伦·雅各布斯（Allan Jacobs）在毗邻的办公室写作《伟大的街道》（Great Streets），帮助指导我和我的助手们绘制地图和人视点的透视图。实际上，第 3 章中地图比较的内容受到他在街道研究上的启发。艾伦反复翻阅这本书的章节，并对如何展示书的观点和内容给予了他的洞见。我希望艾伦和我能共事更多年时间一起教学和开展研究。加利福尼亚大学伯克利分校心理学系的肯尼斯·克雷克（Kenneth Craik）负责第 3 章的有效性研究，他是环境模拟实验室的创始人之一，并继续参与该实验室的工作。1968 年，唐纳德·阿普尔亚德（Donald Appleyard）在麻省理工学院与凯文·林奇（Kevin Lynch）共同任教和共事之后，在伯克利创建了环境模拟实验室。唐纳德并未亲见他创立的实验室运用于本书开展的工作，但他对本书的工作有重要影响。

大卫·范·阿南（David Van Arnam）和凯伊·博克（Kaye Bock）负责录入文字，虽然我的手稿有多处不清晰的地方，但他们都毫无怨言。加利福尼亚大学出版社的斯蒂芬妮·费伊（Stephanie Fay）的精心编辑使这本书更加出色。

从1979年起，凯文·吉尔森（Kevin Gilson）就以各种形式参与到环境模拟实验室的工作中，他负责实验室的日常运作并参与了本书的所有项目。他制作了第7章中用于确定正确视距的表格。我非常感谢凯文并学习采纳他的观点。兼本威廉（William Kanemoto）从1994年起接替凯文管理环境模拟实验室，从实验室近期的项目中为本书提供了一系列图片。

时代广场研究完成的时候，托尼·希斯（Tony Hiss）正在为《纽约客》杂志撰稿，他自愿帮忙并把我对环境模拟的事实描述成一个完整的电影剧本。杰森·罗巴兹（Jason Robards）无偿为这部电影作配音解说。达琳·麦克劳德（Darleen McCloud）、尼古拉斯·奎内尔（Nicholas Quinelle）、休·哈迪（Hugh Hardy）以及肯特·巴维克（Kent Barwick）协助完成了第4章的关于纽约项目的研究。第6章的多伦多项目是多伦多市委托伯克利环境模拟实验室研究的项目，但多伦多市坚持让我选择加拿大国籍的合作者。来自多伦多大学的克劳斯·邓克、马朱特·邓克（Klaus and Marjut Dunker）和罗伯特·赖特（Robert Wright）提供了帮助。三个案例研究中最先开展的关于旧金山市的研究工作（第5章），由两位在环境模拟实验室完成学业后继续留在该实验室工作的毕业生特伦斯·奥黑尔（Terrance O'Hare）和胡安·弗洛雷斯（Juan Flores）协助完成。我在伯克利的同事爱德华·阿伦斯（Edward Arens）在多伦多和旧金山章节的工作中起着至关重要的作用。

加利福尼亚大学伯克利分校研究委员会、加利福尼亚大学伯克利分校景观建筑系比阿特丽克斯·费兰德基金会（Beatrix Ferrand Fund）、加利福尼亚大学伯克利分校城市和区域发展研究所环境模拟实验室资助了本书的撰写。

时任加利福尼亚大学伯克利分校环境设计学院院长理查德·本德（Richard Bender）对环境模拟实验室的发展给予了关心和支持，并把实验室的研究和思想拓展到了纽约市，在纽约，卡普兰（Kaplan）基金会、文森特·阿斯特（Vincent Astor）基金会和雷夫逊（Revson）基金会捐赠了一个环境模拟实验室。后来在理查德·本德院长慷慨的帮助和建议下，日本的伊藤茂（Shigero Ito）、小出治（Osamu Koide）在东京中心的六本木（Roppongi）建立了类似的环境模拟实验室。

在撰写本书的时候，小出治教授邀请我去日本参加东京大学高级科技研究中心研修。我的日本朋友佐藤茂（Shigeru Sato）、仓田真岛（Naomishi Kurata）、小山俊夫（Toshio Oyama）给我提供了许多向业内人士讲解本书内容的机会。

感恩所有的朋友和家人，多利特（Dorit）也读了手稿，我对本书的最后修订也囊括了她的见解。

前　言

本书的内容是关于城市形态的视觉表现。它探讨了如何表达对城市的体验，并探讨表达法对城市设计的影响。在城市设计领域训练有素的建筑师、工程师和城市规划师获得了所需的技能，用以表达现存的和未来可能实现的事物。但因为现实世界的丰富和复杂无法完全被表现出来，出于需要，他们必须从现实中选择对实际情况的抽象表达。对他们来说，抽象表达的过程是一种复杂的推理过程。他们所选择的东西代表了他们对现实的看法，而且非常明显地违背了设计和计划的结果，因而也就是城市的未来形式。他们选择的表征影响了他们对现实的观点，并非常显著地界定了设计和规划的成果，从而影响了城市的未来形态。[1]

本书探讨图像的创建如何影响实物的建成，图像作为现实的替代品有多完美？图像能代表设计与未来现实之间的匹配吗？效果图能否表达出作为思维产物的设计方案与未来现实之间的匹配？

关于城市形态的研究已有很多。各种领域的学者们已经解释了城市形态是如何形成的以及其未来发展的方向。尽管也有很多关于理想社区——人们应如何在城市中生活——的研究文献，但这些文献中对城市设计概念的论述相对较少。专业的规划师和设计师通常知道表征的优势和局限性，但他们可能会想当然地判定表征对设计思维的影响。随着计算机生成图像正在改变设计师的工作方式，对设计、设计媒介和客观现实之间关系的验证研究是当下所需的。设计媒介也可能改变设计师的设计思路。

在不同的公众各自不同的视角中，设计图也是不同的。即将建成场所的表现图能同时引发情感和谋算。人们关心谁会受到设计方案的影响，谁会从中获益，谁会受到损失。虽然居住在城市中的人能亲身体验城市场所，但专业设计人员却是从概念上阐释这些场所。图表显示统计数据，示意图显示"流"或移动过程，场地图显示结构和布局。最专业的图像表征如同一种理论，能够将现实简化为易于清晰表述的真相或数据。但事实仍然是抽象的。专业人员（据说）能够看懂抽象概念的表征，但外行人很少能解读这些信息，更别说去理解在这些表征描述的街道与社区里行走的感觉。

专业人士很少展现出人们在城市中穿行、俯视街道、独自或与他人在广场上休憩的方式——这是人们可以想象的实际情况。表达城市场所的体验意味着展示人类感官（主要是视觉）感知到的状态。特效电影、草图、蒙太奇照片、水彩画或计算机生成的人视图——所有这些都比概念性表征更好理解，因此一些专业人士在寻找将概念方法与有活力和感性的体验方法相结合的表征。从这样一种相互结合的表征中受益良多。这种结合可能有助于克服鲁道夫·阿恩海姆（Rudolf Arnheim）所称的现代人理性与感性分裂的匮乏症。

专业人士越来越依赖计算机技术存储地形

和其他详细的空间信息，他们可以运用这些技术展现概念性的和感知性的图像。尽管在实践中很少有设计师和规划师将这两种表征结合在一起，但这种结合在技术上是可行的。这种结合的技术将使项目信息更容易被公众获取，项目方案更容易被公众解读。但新技术也可以用于更具说服力的表达设计，这种可能性提出了重要的问题：关于图像的写实性，亦或是，图像表征引发或压制的价值观和偏好，以及绘图的专业人员的可信度。

本书所阐述的思想来自加利福尼亚州大学伯克利分校环境模拟实验室的实验[2]，致力于改善城市设计中的视觉表达。[3]尽管本书试图回答的问题——关于城市设计中表征的影响——可能很少被问及，但其中隐含的问题却一直伴随着我们。第一部分介绍了西方专业表征的历史，文艺复兴时期，意大利建筑师以类似于当今建筑师和城市设计师的模式完善了概念性和体验性的表征。第一部分各章讨论了自1502年精确的城镇地图发明后几个世纪以来通过概念设计形成的欧洲城市场所。这些分析基于比较地图研究和间接文献。

第二部分介绍了在10年的时间内进行的案例研究，其中设计和规划方案阐释了概念和体验的杂糅。目前我认为，运用更易于被解读的设计媒介并未让案例中所有的环境设计得以改进。第二部分的章节阐释了如何将伯克利环境模拟实验室的视觉表现能力应用到纽约、旧金山和多伦多的研究项目中。

第三部分介绍了新的成像技术，使专业人员能够比以前更清楚地解释他们的设计。本书这部分的章节讨论了技术可能在哪里采用专业表征，以及专业人员可能在哪里采用技术来弥合概念和体验之间的分歧。好的表征提高了我们想象和构思设计的能力。但是那些筹备设计表征的人员也控制着信息。由于城市设计和规划的对立背景，专业人员必须评估他们绘图工具的美学和伦理暗示。[4]

一本关于图像的书，甚至是某个行业的专业图像，都必须借鉴我们文化中的各种艺术和科学；此为研究这个问题的妙趣。本书研究素材包括建筑师、规划师、历史学家以及物理学家、计算机科学家和感知心理学家在视觉艺术中领域中的著述。

经过我谦敬地咨询各个领域的专家，本书中经常使用的"表征"和"场所"两个词语在不同的学科中有不同的内涵。对于一些人而言，视觉感知和表征性图像之间的联系是必要的和密切的；对于其他人而言，这种联系是不必要的、不实的和误导性的。[5]建筑师、工程师和规划师属于前者。他们的表征会捕获客观现实中的要素，以便操作处理（即设计）后作为客观现实的替代品呈现给其他人。

设计师所述的表征，并不是仅仅向那些观察者展示他们所看到的图景。更常见的是，设计师表达的是他们从未见过而只是想象或发明的事物。[6]

同样需要澄清的是，"场所"一词是指我们可以想象的条件：在户内或户外，在前面或后面，在某物或某人旁边，向外看视线良好或被遮蔽。在这些环境条件中做出选择是人性的一部分。[7]人们根据自身在空间中的位置、与物理空间的关系以及与空间中其他人的关系来定义场所。但场所对人也具有阻碍、鼓励、排斥和包容的影响。我运用了"场所"这个词在物理学、社会学、心理学、经济学和政治学各领域的广泛内涵。

研究场所创建的人很少考虑到关联表征，研究表征的人也没有考虑到场所，于是有了本书。本书主要是为城市设计师、建筑师和景观建筑师而著，他们依靠具象的表征理解自己的规划设计以及让他人评价这些规划设计工作。具象的表征即本书的主题。

第一部分
城市设计表征的历史沿革

第1章
概念与体验：两种世界观

图片不能模拟我们看到的东西。事实上，没有一个光学系统可以模拟人眼的工作，尽管在摄影技术发明150多年后的今天，我们假定摄影真实地记录了我们周围的世界。但是摄影是建立在一个便利的被称为"中心投影"的几何虚构物之上的。拍照、电影、电视录像、人工或电脑渲染的人视图都依赖于中心投影或线性透视的概念，这种技术对现实的表达有一定的限制。

自从菲利波·伯鲁乃列斯基（1377~1466年）进行了一项与发现线性透视相关的实验以来，我们一直受到这些限制的影响[1]，这是以趋近真实的方式表达场所的一种方法。这位工匠型工程师为佛罗伦萨献上了佛罗伦萨大教堂的大穹顶（1420~1436年），这是古罗马以来西方世界第一个此类工程成就。伯鲁乃列斯基同时也是一位画家，也有不少关于他对一幅画进行实验的研究——鲁道夫·阿恩海姆称其为"伯鲁乃列斯基的西洋镜"。在大穹顶完工的10年前，伯鲁乃列斯基曾在佛罗伦萨大教堂（Santa Maria del Fiore）入口大门处绘画圣若望洗礼堂（the Baptistery San Giovanni di Firenze）的透视图。显然，他以完美的线性透视法完成了这幅画。众所周知，他在一块木板上完成了这幅画，但是在艺术史文献中仍有很多关于伯鲁乃列斯基绘制此画的方法和完成此画日期的猜想。[2]遗憾的是这幅画丢失了，所用的绘制方法直到作者死后才被记录下来。

根据他的传记作者安东尼奥·马内蒂（Antonio Manetti），伯鲁乃列斯基的绘画方法示范如下：

他（伯鲁乃列斯基）在画作的画板上打了个洞。这个洞在画板绘画的一面像小扁豆一样小，然而在画板的另一面，它像女人的草帽一样，呈金字塔形张开，有一个硬币大小或者稍大一点。他希望把眼睛放在孔大的一面，一只手扶着画板让孔洞口靠近眼睛，另一只手在另一面放置一面镜子，这样画作就可以用镜面反射来观……如是观之，如假包换。近日我拿着这幅画观看了很多遍，所以我可以证明此事。[3]

事实上，当伯鲁乃列斯基的同行们被带到他绘画洗礼会的确切地点观看时，一定会感到十分震惊。伯鲁乃列斯基在摆放于大教堂正门内5英尺处的画架上安装了他的画板。[4]他在画作中央钻了一个洞来控制观看者视点的位置。伯鲁乃列斯基让观众从他画作的背面透过孔洞看距离画板大约1英尺摆放的镜子，从而观察者在镜子里看到了那幅画的镜面反射。当镜子放下时，观察者可以通过将画中的场景与大教堂黑暗出入口框定的实景相比较来确认画作的准确性。当一个人站在伯鲁乃列斯基绘画时所居的位置，他可以看到圣若望洗礼堂在场景的正中间，米塞里柯迪亚（Misericordia）居左边，卡托阿拉帕格利亚（Canto Alla Paglia）居右边。

伯鲁乃列斯基试图增加画面的真实性："在画作天空的部分，即画面中的墙壁消隐于空气中的地方，他使用了磨光的银，以便空气和自然的天空可以在其中反射出来；从而风吹云动也能在画作涂银的部分上反射并浮现。"[5]

实验结束10多年后，莱昂·巴蒂斯塔·阿尔伯蒂（Leon Battista Alberti）将伯鲁乃列斯基誉为线性透视的发明者，并把这种技术称为"合法建设"（拉丁文constructione legitima）。[6]现今，近6个世纪后，艺术史学家们为，伯鲁乃列斯基的实验"如果不是为了改变西方艺术史的进程，最终是为了改变西方艺术史中绘画的风格。"[7]伯鲁乃列斯基展现了一种表达我们所观世界的机巧。

我们只能推测，14世纪末，在威尼斯的穆拉诺岛（Venetian island of Murano）上发明并制造的平面镜玻璃给了他一个启发：用二维表征展现周身多维世界。

从伯鲁乃列斯基以后，透视图的绘制说明通常类似于阿尔伯蒂的《画论》："首先在我要绘图的那一面，画上一个我想要的任意大小的矩形，我把这个矩形当成一扇打开的窗户，通过它可以看到要绘画的对象。"[8]在伯鲁乃列斯基的实验中，大教堂门的内轮廓（古今一样是3.80米宽）是他的"窗户"。门框和绘制这幅画的确切位置之间的距离大约为1.75米。门的宽度和绘画点与门的距离2∶1的比例意味着，一个人站在伯鲁乃列斯基站姿绘画的地方向广场望去，可以在门的立柱之间看到90°

的视野。[9]

这些明晰的指南引导人们努力对伯鲁乃列斯基画作表达的事物以及通过画板孔洞看到的东西进行再造。而对伯鲁乃列斯基实验的再造阐释了线性透视的缺陷。

当大教堂的厚重的门缓缓打开时（只在特殊情况下才能打开），最引人注目的就是马上映入眼帘的圣若望洗礼堂，清晨的阳光照亮了天堂之门上绚丽的黄金雕版。当眼睛逐渐适应了这一场景，人们开始注视洗礼堂（拱门、大理石镶嵌）的细节和站在天堂之门的行人，这些人注意到大教堂敞开了大门，踱步而入，就好像这是进入佛罗伦萨大教堂的日常方式。在注视洗礼堂的立面之时，观察者能够看到这些景象。只有转动头部的时候，方可见到洗礼堂左边和右边的广场。同样的，只有向后仰头时，才能看到洗礼堂上方的天空。

一台配备可调变焦镜头的现代相机可以重新调整视野，从而涵盖伯鲁乃列斯基通过大教堂门框向外看到的所有场景。为了获得完整90°的视野，变焦镜头必须调整到21毫米的焦距。[10]然而，在（21毫米）取景器中，洗礼堂看起来比实际距离远，广场也显得更宽敞。如果调整变焦镜头，直到取景器中洗礼堂的尺寸与眼睛所感知的尺寸相同，即是调整变焦镜头到65毫米焦距时，取景器中的视野约减窄大约30°，或约为大教堂门框所框定视野的三分之一。尽管洗礼堂（在取景器中和人眼所见）的距离和大小看似是一样的，但人们不能把洗礼堂的全貌囊括入取景器之中。

伯鲁乃列斯基一定是认真考虑了距离知觉。如果他想验证透视图对景物记录的准确性，他必然很关心实际景物与画作对面镜子中呈现的实景反射图像之间的匹配程度。只有把镜子保持在正确的距离，才能获得有效匹配的镜面

天堂之门，17°水平角，80毫米焦距

佛罗伦萨大教堂大门内向洗礼堂看去，90°水平角，21毫米焦距（60毫米相机格式）

成像。而这个距离将取决于画幅的大小和视角的角度。从画板上小孔所看到的实景镜像不比30°锥体的视野所能看到的多；也就是说，只能看到比圣若望洗礼堂入口稍微多一点的景象。这幅透视图很可能展示了更多景象；如果画板背面的洞足够大的话，绘画者可能会移动眼睛，从而看到马内蒂（Manetti）如此生动描述的建筑物和天空。

焦距可调的实验证明了用二维图像表达周身三维世界的线性透视法的一个缺点。问题出在它所施加的条件上。闭上一只眼睛，在空中的某个预定点保持头部静止，这不是观察世界的正常方法。在这种情况下，与景物的距离和尺寸有关的要素是不能精确判断的。

通过将变焦镜头固定在65毫米并使用相机扫描场景，可以克服线性透视固有的一些问题。由此产生的系列图片将从左边的米塞里柯迪亚（Misericordia）开始，向圣若望洗礼堂和卡托阿拉帕格利亚移动，最后在右侧德马泰利街（Via de Martelli）与广场汇合处结束。

这些底片的照片尺寸为101.6毫米×152.4毫米，安装在一个大的板上，显示了整个90°的视野。如果照片板保持在人视水平，大约305毫米远，就能够显示眼睛在场景中看到的实际距离关系。然后双眼可以更自然地扫视板上的场景，并不受到取景器中预先确定的窄视角的限制，且可以像站在实际场景里让视线漫游，通过眼睛的每个瞬移都能看到稍微不同的景象。大尺幅油画的画家通常都采用这种多点透视法。在一个宏大的城市场景中，例如俯瞰威尼斯大运河，卡纳莱托（Canaletto）可能会给一个细节场景绘制它自己的焦点和消失线，并与主场景的焦点稍有不同。这样的一幅绘画带给观看者的空间效果甚至比一幅大尺寸照片更为强烈。当观众的眼睛在画布上游走时，这

天堂之门，27° 水平角，65 毫米焦距

天堂之门，60° 水平角，35 毫米焦距

幅画就把观众融入了场景中。观众能融合进入场景是因为眼睛的每一个移动都能看到正确的视角。[11] 从佛罗伦萨大教堂入口拍摄的照片中画出的线条捕捉到了一个65毫米镜头的多个站点；它也捕捉到了时间，显示了对面的人们如何在"天堂之门"前继续漫步。观察者把画举得离眼睛很近，就可以更容易地判断到洗礼堂的距离和建筑结构的尺寸。眼睛感觉到多纬度的参照点，因此观众似乎与场景融合在一起了。

然而，任何对大教堂前面广场的尺度以及周围建筑比例感兴趣的人，最好走出教堂大门，在广场上踱步观察。这种踱步的大部分体验都是用眼睛感知的。但是所有的感官在体验广场的过程中发挥了共同作用。触觉记录了教堂和

天堂之门，20 张由 27° 水平角、65 毫米焦距拍摄的图片组成的复合视图

多站点透视图

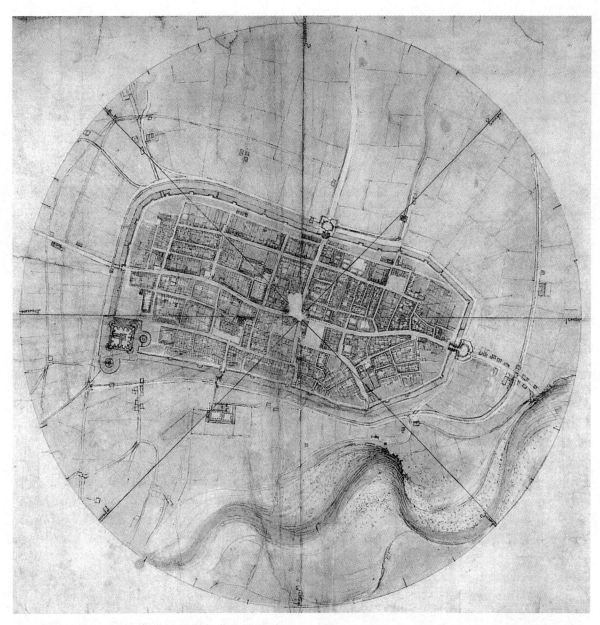

1502 年莱昂纳多·达·芬奇绘制的伊莫拉地图，Royal Library at Windsor，Codex Atlanticus，no.12284。© Her Majesty Queen Elizabeth ll

洗礼堂之间铺地的情况。身体定位传达了一种感知接近墙壁距离的体验，即使视野之外的墙壁也是如此。听觉也参与其中，声音被环绕广场的建筑反射回来。在进行这样一次漫步之后，人们可以从不同的角度观察圣若望洗礼堂，并比以前更准确地判断洗礼堂的尺度，因为现在这些尺度都与身体感知到的尺度相互关联了。

现实世界的物理尺度可以用直接的体验判断，然而将来必然会有虚拟现实技术来表达。建立模型的艺术日趋完善是在线性透视开始应用的时候，这一现象并不是巧合。在文艺复兴时期，建造大型和精确的建筑设计模型是很常见的。詹姆斯·阿克曼（James Ackerman）曾写道，朱利亚诺·达·桑加洛（Giuliano

Da Sangallo）在罗马建立了一个圣彼得（St. Peter's）大教堂的模型，该模型大到足以让一个人站在里面。[12]

伯鲁乃列斯基的透视图试图抓住眼睛看到的世界。伯鲁乃列斯基实验90年后，在文艺复兴的前夕，另一种表达世界的方法已经酝酿完成。它最初被称为"平面图法"（ichnographia），或者平面图（plan view），它是俯瞰现实景物的一种抽象。

当然，平面图并没有以人体验的方式描绘一个城市。这种表达方式和今天一样，用来精确地展示街道和城市街区的尺度以及城市的总体布局，还有主体与周围地区的关系。

在第一个已知的用平面图代表现代城市地图的例子中，莱昂纳多·达·芬奇绘制了一个小镇伊莫拉（Imola）的平面，它位于意大利的埃米利亚·罗曼娜（Emilia Romana），在博洛尼亚（Bologna）和法恩扎（Faenza）之间。[13]莱昂纳多的平面图与9世纪早期圣加尔羊皮纸（St. Gall）的平面图有所不同。尽管历史学家霍华德·萨尔曼（Howard Saalman）将圣加尔平面图上修道院、教堂和礼拜堂的组成模式追溯到由柱廊环绕的罗马图拉真广场，该广场由一座巴西利卡（basilica）教堂和数个神庙构成[14]，但地图本身既不表达历史现实，也不表达建筑平面。这是一个精心布局的场景，可以作为9世纪以来众多修道院布局设计的指南。

莱昂纳多·达·芬奇的伊莫拉地图显示了实际情况。1502年，塞萨尔·博尔吉亚（Cesare Borgia）委托莱昂纳多设计修复在1499年围攻中被摧毁的该城防御工事。作为总建筑设计师（Architectoe Ingegnero Generale），莱昂纳多描绘了这个城市的形象，与当时常见的表达方法大相径庭。中世纪晚期的平面图意向性地表达

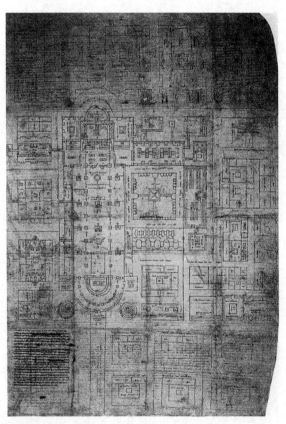

圣加尔（St. Gall）平面图，9世纪初。© Stiftsbibliothek, St. Gall, Switzerland

城市，通常展示一个单一的视角，并在立面上挑选绘制标志性建筑物来代表该城市。这些建筑的大小主要取决于它们的宗教用途，而不是它们的实际规模。

对莱昂纳多来说，这样的表征是用处不大的。新的弹道发射方法需要注意防御工事的平面尺寸和角度的准确性。为了准确地确定方位，莱昂纳多使用了一种远古时期就为人所知的经纬仪和一种磁罗盘[15]，这是经阿拉伯海传入西方世界的一项来自中国的发明成果。莱昂纳多还使用一种自罗马时代以来就为人所熟知的改进的测距仪测量距离。[16]

莱昂纳多用这三种仪器对伊莫拉进行了测量，并绘制了一幅城市平面图。[17]他受到了莱昂·巴蒂斯塔·阿尔伯蒂（Leon Battista Alberti）描述《罗马城介绍》（Descripto Urbis Romae）的

启发，这本书成文于1443~1455年间，是一份对罗马的测量的简述。虽然阿尔伯蒂的调查工作没有一个遗存案例，但他的方法论清晰地写在另一部著作《数学》（Ludi matematici）中。显然阿尔伯蒂没有使用指南针，但他写道，城市中的任何一点都可以通过建立极坐标来确定。利用阿尔伯蒂的技术，莱昂纳多绘制了一个极坐标网，以城镇广场为中心，将城镇的所有平面测量值定位在坐标网上。

伊莫拉地图是文艺复兴时期地图技术革命中现存最早的艺术品。这座城市在地面上的每一个元素都被表达出来，仿佛从无限多个垂直于地球表面的视线看去。地图上的每一点都与观察者等距。这座城镇的现代高空摄影测量与莱昂纳多的地图大同小异，验证了莱昂纳多的惊人成就。由于没有关于莱昂纳多测绘技术的

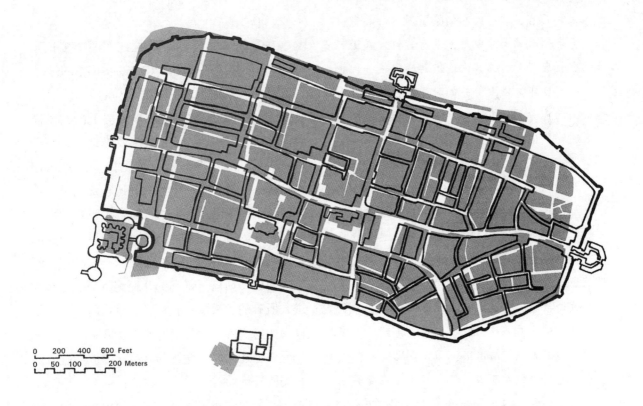

0 200 400 600 Feet
0 50 100 200 Meters

1502年和1984年伊莫拉地图对比。1984年的平面图（阴影区）叠合在莱昂纳多于1502年绘制的线条图上

书面文件留存下来，所以在拉斐尔（Raphael）为罗马教皇利奥十世（Pope Leo X）服务时，他写了一封信，提议根据莱昂纳多的规范方法绘制罗马地图。[18]拉斐尔于1520年去世，留下还未完成的工作。

然而，以新的方式看待现实，对于那些守旧的人来说，可能会引发惊奇的反馈。据16世纪的一条信息所述，当莱昂纳多主动向罗马教皇利奥十世的朝臣展示一幅古罗马地图时，他受到了嘲讽。

> 我来告诉你，朝臣们对有创造力和高超技巧的人有什么样的想法，这让我想起了一幅印象深刻的奇幻画面。一位氏族知识分子把罗马绘画成古罗马时期的景象，而不是现存景象；他向朝臣们展示了他的作品，自信会激发朝臣们对新作的热情，通常而言，这些大人们除了用自己的身份肯定别人的天才以外，没有其他方式进行自我表扬。当画家向他们解释他是如何把这座城市分成七部分的时候，也就是在有山的地方为一部分，朝臣们开始向画面上滴蜡。他是如此专注于他的解释，以至于没有注意到滴蜡的事，他接着说这是万神殿（Pantheon），马库斯·阿格里帕（Marcus Agrippa）将这座神庙奉献给所有的神，这是协和神庙（Templum Pacis），这是戴克里先浴场（Baths of Diocletian），这里是卡拉卡拉浴场（Antoniane），重复一次：通过这条路，在这些巨大的柱廊上方，人们可以从主广场（main Forum）走到坎皮多利奥广场（Campidoglio）。与此同时，蜡烛的蜡继续往下滴，他继续说：在梵蒂冈（Vatican），这里是罗马皇帝尼禄（Nero）建造的金宫（Domus Aurea）的台基，这

是贺拉斯（Horace）桥，这是哈德良的坟墓（Hadrian's sepulchre），现在则是圣天使堡（Castle of S. Agnolo），从这里人们可以看到海战（bellum navale）。当他开始描述古罗马竞技场（Colosseum）的时候，朝臣们举起手中的烛台假装赞美古人。这位良人继续他的演说，指出角斗士们表演以及他们曾经和野兽搏斗过的地点，并测出了许多城市元素的尺寸，包括：水渠、彩绘石窟、梅塔（Metae）、方尖碑、图拉真柱廊（Column of Trajan）、提图斯（Titus）凯旋门、塞维鲁（Septimius Severus）凯旋门、君士坦丁凯旋门。然后他描述了罗马有多少巨像和大理石雕像，以及还有多少青铜和黄金雕像；这幅场景中朝臣们手握滴蜡的烛台，并发出嘲笑，人们只能对他们的行为感到厌恶。[19]

在莱昂纳多绘制伊莫拉地图两个多世纪后，詹巴蒂斯塔·诺利（Giambattista Nolli）主持开展了他名留青史的勘测罗马的工作。他完成绘制的地图是地图测绘学历史上的技术高点。诺利在1736年开始绘制罗马地图，并于1748年完工。在罗马教区牧师甘达尼（Cardinal Gandagni）给了他一个特别的通行证之后，他开始了对古罗马城的勘察工作，通行证上写道："因教皇（His Holiness）已批准出版一份新的古罗马城的精确地图，被指派执行这项任务的名为詹巴蒂斯塔·诺利的几何测量师必须有权进入所有的大教堂、礼拜堂和修道院，甚至是修女的隐修院，为了进行必要的测量，教皇下令允许上述几何测量师与4或5个同伴进入宗教场所进行勘测。"[20]

诺利考古地图的第一次使用似乎是用于政府事务。在1744年，一张地图的印刷品被用

1736~1748 年罗马地图细节。资料来源：詹巴蒂斯塔·诺利，The Piantagrande di Roma of Giambattista Nolli in Facsimile，Highmount，N.Y.: J.H. Aronson，1984。**请注意地图中上部编号 635 和 633 之间的庞贝剧院**

1991 年罗马地图，按照诺利地图的比例绘制，使用相同的图例方法

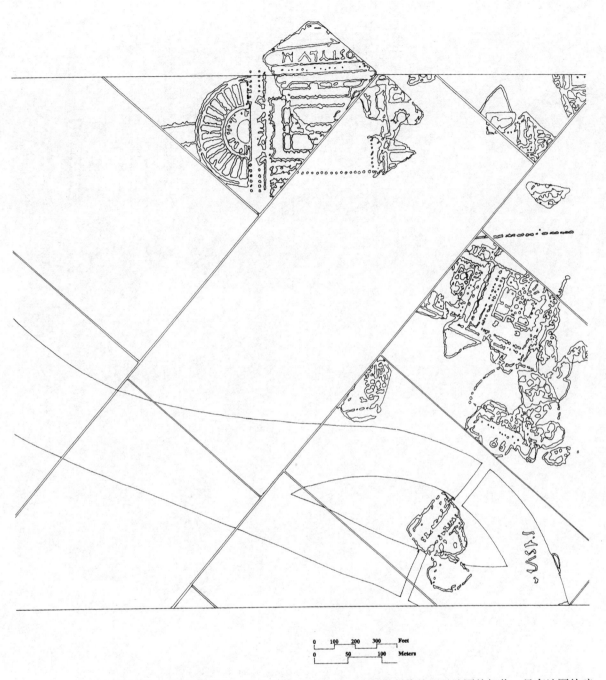

公元 203~211 年西弗勒斯·塞维鲁皇帝（Emperor Septimus Severus）时期制作的罗马地图的细节。只有地图的碎片幸存下来。以与诺利地图相同的比例进行追踪和复制。注意庞贝剧院的位置及其在地图上部的朝向

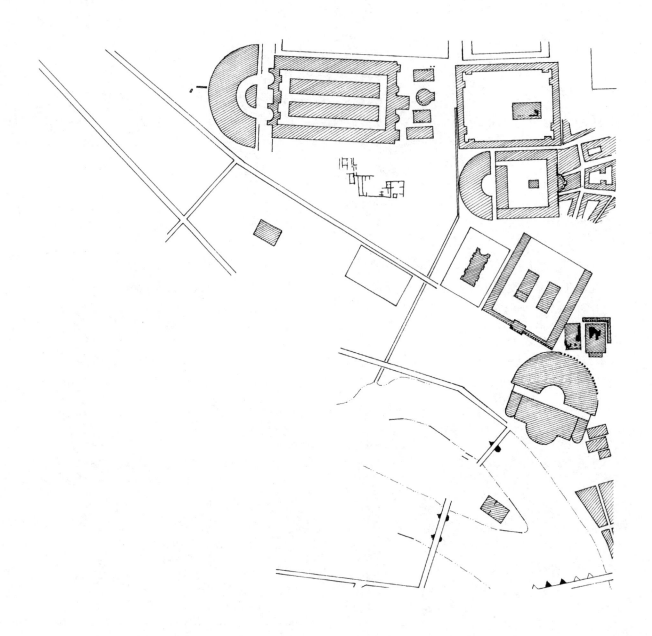

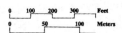

根据考古调查勘测的遗址位置。资料来源：历史中心罗马图纸（Carta de Centro Storico di Roma），1988 年（1∶1000），三张勘测地图被用来重现这些细节：银塔广场（Largo Argentina）、提贝里纳岛（lsola Tiberina），以及鲜花广场（campo del fiori）

来重新划定罗马14个行政区的边界[21]，在他令人惊叹的精确地图中，诺利采用了一种简单有效使用空白的惯例表示公共空间，而用实心黑色块表示某一特定街区的建筑覆盖范围。尽管诺利犯了一些有趣的错误，但他的地图与1991年为罗马地图集绘制的详细现代地图相比[22]，仍然立得住脚。例如，罗马废墟上庞培剧院（Theater of Pompeii）的表征很大程度上是诺利的原创（剧院位于诺利版本地图的中上部）。剧院标注的位置正确，巨大拱顶结构仍然可以在古罗马废墟中觅到足迹，但剧院是向东方而不是向北方开放的。

几个世纪以来，诺利版本地图一直保持着它的魅力。这份地图读起来像一种书面语言，描述街道、广场、教堂内部、公共建筑、法院和花园的尺寸。诺利惯用的绘图法是对客观现实的抽象，像所有的抽象主义一样传达经过选择的信息。

莱昂纳多·达·芬奇和伯鲁乃列斯基的两种表现方法在过去的6个世纪里都得到了发展。伯鲁乃列斯基的合理构建方法（constructione legitima）使摄影技术的发明成为可能，其后产生了动态影像技术、电视以及现在的数字图像记录。莱昂纳多的绘图法发展成为现代制图技术，包括通过三角测量法记录指定点的摄影测绘技术。

这两种方法从本质上说是能够描述世界的唯二方法，代表了观察和理解世界的两种方式。在人类个体的发展和整体文明的进程中，伯鲁乃列斯基的效果图绘画代表了更早期的观点—— 一种基于感官体验来理解世界的方法。人们相信这些事物是存在的，而且是真实的，通过感官就能够理解和领悟。莱昂纳多的地图象征着我们需要超越直接经验去解读事物的结构，以及解读表面现象背后的理论。这两种表征途径促成了今天人们所熟悉的在远离实际施工地的情况下开展的设计与规划工作。

把这两位大师与对立的表征途径关联起来并不完全公平。人们赞赏莱昂纳多悦目动人的绘画和雕塑，也赞赏他严谨细致的工程研究和科学记录。与之类似，引导伯鲁乃列斯基在佛罗伦萨大教堂之上建造穹顶的理念仍然激励着研习工程的学生们。创造性的成就同时提炼自概念和经验。

本书接下来的章节表明，平面图和透视图这两种表达方法引入了在有关场所的专业思维的一种划分，即抽象概念的清晰性（上文所述观点）与地面视图中让人困惑的混沌和丰富性之间的对比。这两种思维模式很少能达到平衡；但当它们达到平衡之时，其效果仿佛一击靶心。

第 2 章
探寻一种设计中的视觉语言

该如何描绘一座城市呢？即使对于一个久居于城市中的人来说，这也绝非易事：人们只能描绘出一份简单的规划平面图，并且用一些统一的符号来表示这里有一栋房子，那里有一个公园，等等。

——格雷厄姆·格林（Graham Greene）

詹巴蒂斯塔·诺利绘制的"罗马地图"，以及莱昂纳多·达·芬奇早期绘制的"伊莫拉地图"，都是以图解的方式进行空间表述的典型范例。现在，这样的表述方式在西方社会已经相当普遍了，可在当时那个年代却是十分罕见的。通常，很少有人能够将地图上的信息同他们所了解的现实世界联系在一起。即使在今天，还是有不少人对于使用地图或平面图上的一些图形惯例感到不是很习惯。

当然了，地图会对城市中现实的状况进行一定的简化；绘制地图的目的并不是要将城市中所有的信息都完整地呈现出来，而是要像科学理论一样，只包含尽可能少的信息，尽可能明确清楚地排布，以便那些能够熟练使用地图的读者能够从中提取出足够的现实影像。当年，罗马地图总共印制了 1874 份，但实际售出的只有 340 份，从商业的角度来说，诺利的地图并没有取得成功。就像当时一位很有名的艺术品商人所说的："我宁愿要一张标识着宫殿、教堂、方尖碑、柱廊，以及其他相关构造物的地图，也不愿意花钱去买这样一份地图，因为

它最主要的价值就只是能够标出城市中各个空间的确切尺度。"[1] 民众根本就不需要高度抽象化的地图；如果想要描绘出方位，并将头脑中的印象记录下来，那么人们更喜欢使用鸟瞰图，或是通过展示重要建筑物的立面，而让他们回想起那些建筑的地图。

当然，当初莱昂纳多绘制的伊莫拉地图，并非是为了让民众购买，其实际目的是作为城市防御工事的评估与规划工具。莱昂纳多在受聘担任军事建筑顾问的时候，就开始为"杰出而非凡的"恺撒·博尔吉亚[1] 筹备这项作品。根据马基亚维利[2] 的说法，恺撒·博尔吉亚作为公爵的威尼斯代表，每个月都要攻克一座新的要塞，"当他占领一个地方的时候，人们甚至都还不知道他已经离开了上一个地方。"[2] 在这些征战的过程中，无论是使用阴谋诡计还是公开的武力炫耀，公爵都需要事先了解那座城市的出入口和内部路线，而莱昂纳多所绘制的地图，展示的恰恰就是这些信息。地图的抽象性其实也是一种真正的优势，它不仅有助于保护军事用途信息的机密性，同时也迫使读者们认识到，解释也是对现实进行描绘的一个组成部分。

与莱昂纳多同时代的人很少能看得懂伊莫

① Cesare Borgia，曾经担任过瓦伦西亚大主教，是一位征战的天才。——译者注
② Machiavelli，意大利著名政治思想家、政治活动家和历史学家。——译者注

拉地图，他在描绘城市时所习惯使用的新方式在当时几乎无人使用。事实上，现存的 16 世纪罗马地图一共有四幅，其中没有一幅的绘制方式与莱昂纳多的相同。[3] 目前收藏的 17 世纪地图共有 18 幅，其中只有两幅是以平面图的形式绘制的。即使 18 世纪的，目前收藏的 13 幅地图中也只有 6 幅（其中包含诺利的两幅）采用了莱昂纳多的平面图形式。但是 19 世纪的，有 39 幅地图都采用了他的平面图形式，只有三幅地图是遵循更古老的传统方式绘制的。直到 18 世纪下半叶，这种新的地图绘制习惯才在关注于城市形态的专业人士中慢慢形成主流。

除了神以外，没有一个人可以从上空俯瞰一座城市；绘制在平面材料上的规划图并不像"透视图"那样符合人类的经验。通过想象，假设从上方俯瞰一座城市这种想法源于启蒙运动及其追随者们对于理性思维和抽象或概括的迷恋。

借助于抽象的力量，城市规划成为可能。人们可以借此绘制出一座城市的地图，把它带到办公室（有的时候，办公室位于另外一座城市），铺在桌子上或挂在墙上，之后进行观察与分析。当专业人士看到这样一张地图时，他们会把一座城市想象为一个系统。即使在一个行人眼中，他并没有感受到什么明确的秩序，但是通过城市的平面图，退后几英尺的距离观看，就会发现，各个层次的秩序都是显而易见的。一般来说，凡是城市都存在中心区、边界线和边缘。街道连接着各个空间；而主要的街道会从广场向外发散，延伸到城门及桥梁。通常，城市中都会有一个正方形的层次结构，而城市中的各项活动都会与这个结构具有一定的关联。如果城市的结构在地图上表现得非常明显，那么在这座城市中的人为干预可能也是同

样明显的。利用标尺，我们就可以穿过那些古老而拥挤的小巷，绘制出一条笔直的大道。事实上，纵观历史，对城市的形态进行物理性的改变，已经被证实是治愈城市社会各种顽疾的良方。在地图上放置标尺的原因，无论是城市规划专业内部还是外部都有明确的表述，但是在地图上绘制线条却只是规划师的行为，因为他们才是最了解这个图形约定含义的人。

虽然，像莱昂纳多这样的设计师可能出于实际的军事化原因，在城市的平面表现中探寻新的惯例，但是也有很多设计师，他们为了追求自己的职业声望，也在做着类似的尝试。在面对当权者的时候，那些掌握了莱昂纳多绘图惯例的设计师们获得了更高的地位。他们提出的设计方案不再需要拿到施工现场去解说。相反，设计师也可以走进议政厅，展开一张规划图。通过这样的做法，他们获得了权利，可以与朝臣们平起平坐，而朝臣们则要依靠设计师向他们讲解将要成为现实的到底是什么。

与此同时，随着设计师所拥有的权力越来越多，他们开始采用新的图形惯例，进而为处理更大规模的建筑项目开辟了可能性，而之前针对这些大型项目，他们只能做一些零星的设计。但是，要想获得处理大规模建筑项目的权力和可能性是有代价的：逐渐的，概念上的表现使得设计师们脱离了基地的实际状况——不仅仅脱离了基地自然的，或是生态的现状，同时也脱离了政治、经济和社会心理的现状。

下面要介绍的例子，是从城市设计历史的众多案例中挑选出来的。依照时间顺序，我针对每一个世纪都挑出了一个代表性的案例，从 1502 年达·芬奇发明了伊莫拉地图开始，到 19 世纪末人们对于城市设计概念性表现的反应，展示了概念性表现这种形式的逐渐发展。至于这些案例所涉及的场所，以及为寻求完美

概念性表现而探寻方法的专业人士，都是众所周知的，只需进行简单的介绍即可。

伦敦，1666年

斯蒂恩·埃勒·拉斯穆森（Steen Eller Rasmussen）在他介绍伦敦的著作中，解释了概念性规划这种方法可能是如何应用于这座城市的。[4] 1666年，一场大火几乎将伦敦整个市中心区烧为灰烬。那场大火是在9月1日的晚上开始爆发的，火势蔓延得很快，直到9月6日才被扑灭，但后来又再次烧起来。根据历史学家的说法，那场大火陆陆续续蔓延了几个月之久。9月10日，国王接见了克里斯托弗·雷恩①，后者带来了为这座城市设计的重建计划。据他的儿子说，火灾发生后不久，雷恩就对这座城市进行了勘测。但是，在火灾发生三个月之后，也就是1666年12月，另一位设计师温茨拉斯·霍拉尔（Wenceslas Hollar）也接受了委托，"对伦敦市进行了精准的勘测"，并于1667年发表了勘测结果。通过将雷恩的规划与霍拉尔的勘测报告进行对比，揭示出雷恩的勘测结果可能是参考了一份早期不够准确的地图，而那份地图只是匆匆走过仍在燃烧的废墟所记录下的产物[5]，可能就类似于我们现代专业人员所做的即兴创作。设计师迅速地在头脑中描绘出一幅景象，并把它记录在纸上，作为后期作业的依据。将雷恩的地图同霍拉尔的勘测报告中画有阴影线的部分进行对照，可以注意到雷恩是如何仔细地绘制出火灾受损区域边界的。

当年雷恩年仅34岁，却已经是一位闻名遐迩的数学家了，还是牛津大学的天文学教授。

---

① Christopher Wren，英国最著名的巴洛克风格建筑大师。——译者注

对他来说，建筑学是一个新的领域；他是在火灾发生的四年前才开始接触这门学科的。他对建筑和城市规划产生了浓厚的兴趣，这促使他来到巴黎，并在那里度过了1665年——在那一年，巴黎爆发了严重的瘟疫，当时的状况实在不适合继续留在那里。雷恩呈递给查理二世（Charles II）的地图清晰明了，提醒了这位多年以来一直生活在巴黎的国王，伦敦的重建也可以仿照法国最新的规划方法进行。

雷恩的提案中包含两座纪念性的建筑：圣保罗大教堂（St. Paul's Cathedral）和证券交易所。伦敦市政厅仍然保留在原来的位置。这三栋建筑由一条笔直的道路串联起来，而这样的规划在伦敦的历史上是从来没有过的。从证券交易所出来，也有一条路直通伦敦大桥，同样，这样的连接方式也是前所未有的。雷恩把圣保罗大教堂和伦敦塔连成了一条直线；而之前连接这两栋建筑物的道路在好几个地方都有转弯。其他一些十字路口的造型，比如说星形或正方形，只是表现出一些造型上的意义。随着时间的推移，新的建筑必须要被赋予新的意义。举例来说，雷恩将教区教堂从现在的位置搬到了十字路口和重要道路的旁边。同时，雷恩还扭转了圣保罗大教堂的方向，使建筑物同新建街道的轴线相互呼应。雷恩所绘制的只能说是一种概念性的图解；若想使之提升为设计图，还需要进行很多修改。这份绘画的细节同真实的遗迹——泰晤士河或伦敦塔都存在着一些不相符的地方。

在雷恩造访伦敦的那一天，一封签署着国王大臣威尔·莫里斯（Will Morris）名字的信件被交到了伦敦市长的手中，信中要求伦敦市长"压制或直接禁止所有人的重建提议，在接到下一道指令之前，不要擅作主张兴建任何一栋建筑，"因为"陛下已经看到了为这座城市

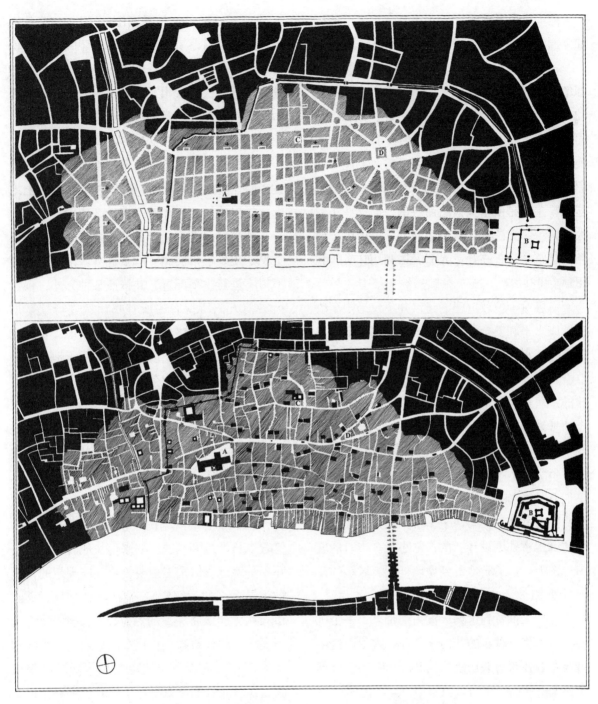

1666 年由克里斯托弗·雷恩绘制的伦敦重建示意图（上图）；1667 年由温茨拉斯·霍拉尔绘制的伦敦勘测地图；
两份图纸按照同样的比例进行了重绘。阴影区域表示 1666 年大火后该城市被摧毁的范围：（A）圣保罗大教堂；
（B）伦敦塔；（C）市政大厅；（D）皇家交易所

的重建而准备的某些图纸与模型会比之前的更加体面与便利。"[6]

雷恩的设计反映了当时一些流行的观点，即像黑死病这样的瘟疫是由不干净的空气引起的，在狭窄、拥挤的街道上，空气无法流通，而且街道上还设有很多开放式的排水沟。同时，他还认为狭窄的街道也是导致火势急剧蔓延的原因，大火从一个屋顶迅速燃烧到另一个屋顶。建筑物主要是由木头搭建而成的，而这些小巷太过狭窄，无法形成房屋之间的防火屏障。此外，建筑物过于高耸，人们无法利用梯子爬到屋顶。

雷恩对于伦敦重建的建议并不仅局限于改善健康水平和安全性。他的规划受到了很多有关理想城市著作的影响，拥有清晰明确的几何造型，这种规划理念最早应用于意大利北部新建的定居点项目中，后来又应用于新大陆定居点的规划，以及新教派宗教难民的再安置项目，或是北欧中部的新教派国家。[7]在经历了30年的战争之后，中欧各国的上院议员、主教和国王们开始竞相翻修他们城市周围的防御工事。与此同时，他们又聘请了军事工程师在改建后的防御工事外围设计新的住宅小区。当时的城市地图上可以清晰地看到城墙外围新城镇的几何学秩序。[8]

查理二世看到这场火灾为他带来了一个机会，可以将这种新的几何学秩序引入伦敦这座城市中。在雷恩来访之后的几天里，国王收到了约翰·伊夫林（John Evelyn）、瓦伦丁·奈特（Valentine Knight）上尉，以及罗伯特·胡克（Robert Hooke）提交的几份企划书，其中伊夫林设计了三个方案，都是带有对角线的网格造型。其中一个方案与后来的朗方（L'Enfant）为华盛顿所做的城市规划有着惊人的相似之处。胡克和雷恩一样，也是一位数学家，他提

交的是一份格子状的平面图。[9]但是，这些规划最终都没有落实。1666年9月下旬，每一份提案只经过几天的考虑就被否决掉了。这些规划方案的否决体现出了伦敦这座城市的政权势力——这座城市与欧洲大陆的其他首都不同，伦敦渴望自治，渴望能够独立于王权的统治。

尽管城市中所有的建筑都被夷为平地，但是市民们仍然可以站在属于他们自己的土地上，指出他们的房子曾经在什么位置，以及他们和邻居各自拥有的土地分界线在哪里。如果雷恩的规划得以实施，那么这座城市的土地将不得不进行重新配置，并按照某种方式，根据火灾前人们所持有的所有权比例进行重新划分，再扣除掉道路与公共设施的用地。要完成这样的工作，就需要政府出面征用土地，并由一家大型银行处理财务问题。经历了严重的瘟疫，当时的政府已经一贫如洗，不需要任何人的提醒，国王也知道要根据这些"由聪明人花了几天的时间所绘制的"几何造型规划图重建伦敦，根本就是不可能的。[10]

这样的提醒来自城市的代表——伦敦市长，就在雷恩的规划图展示给国王的第二天，伦敦市长就接到了国王的来信，他看到这封信吓了一跳，确信国王想要创建一座理想的完美城市是多么的不切实际。与国王的想法不同，市长认为应该将关注的焦点放在重建问题上；不要木质的建筑物；在狭窄的街道上，光线和空气都比较匮乏，应该建造相对低矮的建筑物；比较高耸的建筑物可以沿着更宽的街道布置。弗利特街（Fleet Street）、Cheapskate大街、康奈尔大学，以及其他一些街道都应该拓宽。具体的宽度将在与市长和市议员磋商后再行公布。除非有绝对的必要，否则一律禁止设置小巷。为了在将来再次发生火灾的时候拥有足够的水源，沿河岸要修建宽阔的堤坝，并且沿岸

不设置建筑物。在伦敦市重建的过程中，实践的推理占据了上风。关于城市未来形式的决策就是在当地制定的，它所关注的是眼前的实际问题，而不是由居住在城市之外的君主来决定。

1667年2月8日，议会就重建伦敦的新指导方针进行了投票。这项法案是委员会在极短的时间内制定的，其中雷恩和胡克也都是委员会的成员。他们首要的任务之一，就是要委任专业人士对伦敦市以及1667年版的伦敦地图进行一次新的精确测量，如此才能针对街道拓宽问题进行详细的规划。委托进行准确的勘测，随后再绘制出精确的地图，这些都是进行城市规划的先决条件。如果没有精确的地图，就不可能在建设道路和城市街区之前对项目进行评估。

大约200年后的巴黎，奥斯曼男爵（Baron Haussmann）在他的回忆录中这样写道："当初，我全身心地投入这场新的市政建设项目，规划中的网络就构成了我们伟大城市中最独特而非凡的部分。事实就是如此，更不用说当初为了这项漫长而艰苦卓绝的工作进行的学习，以及我为了进行这个项目而运用的工具，包括解决其整体问题和细部问题，身处施工现场决定每一条大街或道路的路线，以及监督整个工程，确保其准确可靠地得以执行。"[11]

在巴黎，奥斯曼的测绘人员爬上高高的脚手架，或是木质的大型桅杆进行测量，奥斯曼在他的学术著作中是这样描写的："这些桅杆比房子还要高，站在上面，他们就可以利用最精密的仪器，根据三角测量的方法进行测绘。由这些现场临时构造物的轴心延长线确定出三角形，而三角形的每条边形成夹角。"[12]测绘人员确定了桅杆的顶部，那么通过从桅杆到桅杆的照准线就可以"勾勒出平面图真实的存在"。

在利用气球搭载照相机对城市进行航拍这种技术出现之前，奥斯曼在他的工作笔记中如是记载。在这种技术（航拍）尚未出现的情况下，桅杆是一种很有效的测绘工具，测绘人员利用这种工具在城市的屋顶上描绘出一幅想象中的设计。没有人知道奥斯曼本人是否曾经亲自爬上桅杆，将自己的规划同城市真实的状况进行详细的比较。

人们不禁想知道，一个人——无论是地方行政长官本人，还是任何一位"几何学家"——当他站在其中一个桅杆上的时候，他是否可以在脑海中构想出拟建街道的走向，以及这条街道同已知的地方之间将会建立起怎样的联系。当这个人在确定照准线的时候，难道就没有想象过在这条照准线的范围内，那些生活在拥挤杂乱屋顶之下的人们的命运吗？到奥斯曼任期结束的时候，那些栖身于巴黎北部和东北部城墙外的流离失所的巴黎人，其数量已经增加到了140000之多。[13]

尽管对奥斯曼来说，兴建新的笔直的街道就意味着"将旧巴黎的内脏掏空"——那里充满着骚乱和路障——因为这些新的街道"不适合于当地人习惯执行的暴动策略"，但是历史仍旧重演了。1871年3月18日，流离失所的市民们再次涌入城市举行游行，并占领了维尔酒店。自1789年以来，革命派第四次占领了这座城市，而这次占领的原因是为了转瞬即逝的巴黎公社运动。

巴塞罗那，1776年

1776年，在雷恩重建伦敦规划和奥斯曼改造巴黎规划之间，军事工程师胡安·马丁·卡梅诺（Juan Martin Carmeno）开始在巴塞罗那市中心修建一条贯穿城市的新大道。卡梅诺因巴塞罗那塔（Barceloneta）的规划而在加泰罗尼亚地区享有很高的声望，巴塞罗那塔是靠近

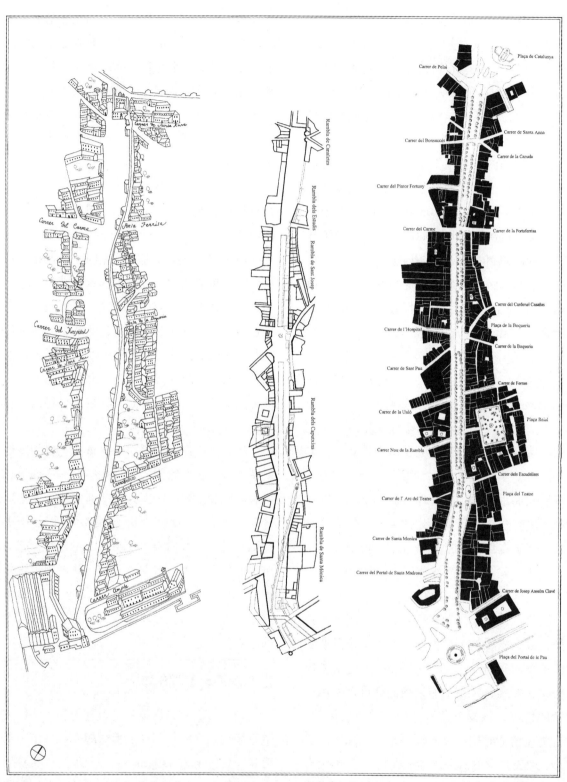

Plaça de Catalunya
Carrer de Pelai
Carrer del Bonsuccés
Carrer de Santa Anna
Carrer de la Canuda
Carrer del Pintor Fortuny
Carrer del Carme
Carrer de la Portaferrisa
Carrer del Cardenal Casañas
Plaça de la Boqueria
Carrer de l' Hospital
Carrer de la Boqueria
Carrer de Sant Pau
Carrer de Ferran
Carrer de la Unió
Plaça Reial
Carrer Nou de la Rambla
Carrer dels Escudellers
Plaça del Teatre
Carrer de l' Arc del Teatre
Carrer de Santa Monica
Carrer del Portal de Santa Madrona
Carrer de Josep Anselm Clavé
Plaça del Portal de la Pau

Rambla de Canaletes
Rambla dels Estudis
Rambla de Sant Josep
Rambla dels Caputxins
Rambla de Santa Mònica

Carrer de Santa Anna
Carrer del Carme
Ania Ferrisa
Carrer del Hospital
Carrer de Sant Pau
Carrer Ample

0 100 200 300 400   600   800 Feet
0 25 50 75 100   200   Meters

巴塞罗那的兰布拉斯大道在历史上各个版本地图的表现（从左起）：1697年，修建之前；1807年，修建30年；1987年，现在的形式

巴塞罗那港口郊外的一片住区，主要供工人居住。

兰布拉斯（Ramblas，在阿拉伯语中是河床的意思）曾经是一条名为"Cagallel"的小溪流的所在地，这条小溪沿着哥特式住宅区的西部边缘流淌，用作开放式的排水沟。在13世纪，人们沿着蜿蜒的小溪修建了一道城墙。1779年，当地人又在西部更远一些的地方修建了一道新的围墙，于是原来的那道城墙就被废弃了。卡梅诺根据一份城市测量报告，设计出了一种新型的道路，那是一条城市的支路，道路被中间宽阔的分隔带划分为两部分，连通着港口，并设置了一座城镇的入口，大约就在现在加泰罗尼亚广场（the Plaza de Cataluña，地图上标注的是 Plaça de Catalunya）的位置。从那个位置开始，高速公路分别向北、西、东几个方向延伸。这条新的公用道路由两条平行线表示，这两条平行线间距30.48米，是城市中一条非常宽阔的带状道路，而当时在这座城市中，既有街道的宽度很少有超过9.14米（含30英尺）的。这条公用道路的东侧边界是参照旧城墙的走向绘制的，但没有围墙曲折。

在新街建成30年后，于1807年绘制的一份地图上，一些业主利用新道路修建自己的住宅，一直建到新的临街建筑线。根据卡梅诺的规划，要求夷平港口附近的所有私有建筑，这幅地图也是由1807年版地图的作者绘制的，采用了同样的图形约定，新街（虚线表示）的位置同之前城墙的位置是相同的。但是，在兰布拉斯大道的西侧仍然矗立着大批私有住宅，尽管这些建筑的投影都落在了新建街道上。

为了设计出笔直的街道，就必须要有一份精准的地图，同时，这份地图还可以成为调整私有房产的法律资料。早期绘制于1697年的那一版地图所遵循的是旧式的图形惯例，即用建筑的立面图而不是屋顶图或地面平面图表示建筑物，这样的表现方式会令那些想要了解确切尺度的人感到很困惑。而且，建筑物与街道的角度也存在着错误，这样很容易令人产生误解。即使对一名已经掌握了如何使用磁罗盘的测绘人员来说，要想确定建筑物和街道准确的方位角，就必须要有很多密集而精确的读数。拥有一份精确的地图，设计师就可以在脱离现场的情况下绘制出详细的规划图；而且，这样的规划图可以提交给地方军事长官进行审批。

1776年，巴塞罗那是一座被占领的城市。这条笔直街道的修建使得货物运输变得更加高效，同时也清晰地传递出一种政权的信息："你们不能在街道转角偏僻的地方开炮，也不能指挥骑兵穿过蜿蜒的小巷冲锋。巴里奥·戈提科地区（Barrio Gotico）是城市游击战的自然首选——兰布拉斯大道暗示着军队至高无上的霸权。"[14] 但是，无论它传达出怎样的信息，同古老的河边人行道相比，兰布拉斯大道的环境都有了非常大的改善。过去，河边人行道上"总是挤满了人，夏天尘土飞扬，冬天泥泞不堪。"[15]

卡梅诺规划的兰布拉斯大道，是少有的在设计概念和实际体验之间达到平衡的规划项目之一。那些抽象的线条都是由现场实际存在的

巴塞罗那的兰布拉斯大道

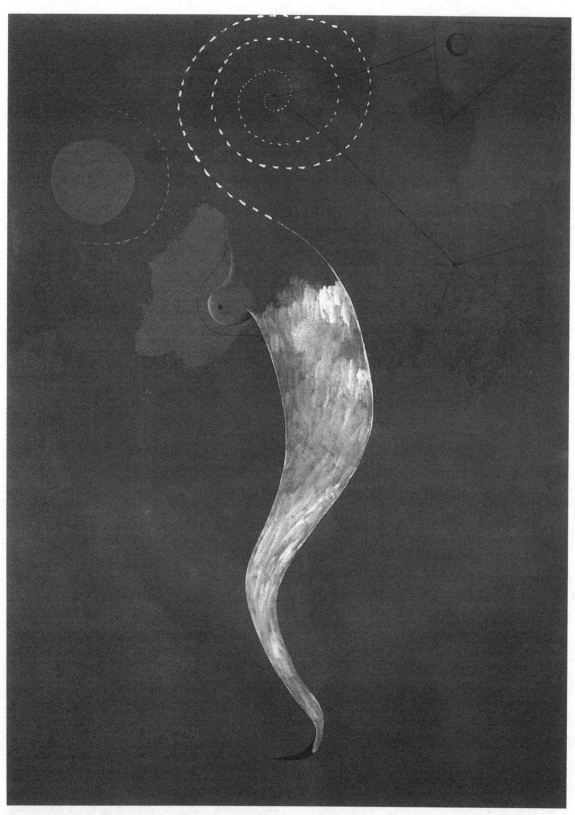

琼·米罗（Joan Miró），1925年，新奥尔良艺术博物馆（New Orleans Museum of Art），巴塞罗那兰布拉斯大道上漫步的女士；维克托·基姆（Victor K. Kiam）的遗作

元素改造而成的。正是由于这种可贵的平衡，现在很多城市设计师仍然还会借鉴卡梅诺的设计概念。在其他一些地区（非巴塞罗那）的规划案中，设计师可能会惊呼，这条街看起来好像兰布拉斯大道。在提交的规划案中，街道中间可能还有一条分隔的人行道。这样的配置在中世纪拥挤的街区附近本不会出现，即使时至今日，人们仍然会在这里散步。提案的街道中可能会缺少某些设计元素，而这些设计元素是兰布拉斯大道的特色，例如人行道的宽度存在着微小的变化，这会让人回想起原来河床的轮廓线。一般来说，中央人行道的宽度从13.15~14.47米不等，只在起点和终点附近才进行了拓宽。梧桐树的间距一般为5.49米，有些

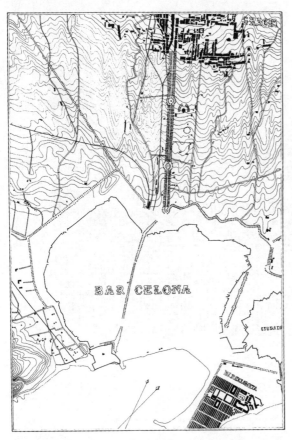

伊尔德方索·塞尔达，巴塞罗那及市郊细部重绘地图，1855年

地方增大到了10.97米。[16] 由于这里以前是排水沟，土壤肥沃养分充足，所以线性布置的植栽都生长得很茂盛。

而且，提案的街道中可能还缺失了很多兰布拉斯大道其他重要的元素，比如一些贩售鸟食、鲜花和杂志的摊贩——那里只能贩卖这些商品——还有侍者们穿越交通道，将饮料送到中央分隔岛的顾客手中（当我第一次见到这条街道的时候，一名曾参加过内战的老兵将椅子排成一列，并以1比塞塔的价格出租给想要休息一下、观看人潮涌动的人们）。

还有一个令人难忘的体验，就是看到沿一条狭窄的交叉路排布的众多建筑，构成了兰布拉斯大道的框架。春季的一天，在这样一个狭窄的视野范围内，树叶反射的光将空气都染成了绿色。这样的景象就是兰布拉斯大道体验的一部分。西班牙超现实主义画家琼·米罗（Joan Miró）在1925年创作了一幅油画，画中传达了兰布拉斯大道的另一种体验：这条相对笔直的街道也存在着曲度。

巴塞罗那，1859年

到19世纪中叶，巴塞罗那已经摆脱了波旁王朝的占领与统治，废除了在那个时期修建的令人深恶痛绝的外围墙。1855年，土木工程师伊尔德方索·塞尔达（Ildefonso Cerda）接受委任，对巴塞罗那城及其周围地区进行精确的地形勘测。在18世纪，这个城市的人口约为64000，而到了19世纪50年代，该城市的人口数则增长到150000以上。因此，巴塞罗那的人口密度达到每英亩315人（每公顷855人），成为欧洲人口密度最高的城市之一（在巴黎，平均人口密度为每英亩166人，即每公顷400人，只有在第三区和第四区，人口密度才接近于巴塞罗那的水平）。[17] 居民的平均预

期寿命从较富裕阶层的 38.3 岁，到较贫困的劳动阶层的 19.7 岁不等。这座城市经常遭受霍乱的肆虐。在公众看来，巴塞罗那一定要进行扩建，这样才能容纳在城市中寻求工作机会的大量农村人口。

塞尔达于 1849 年在马德里完成了他的学业，他属于在法国大革命后出生的一代欧洲规划师，其成长过程中经历了工业革命所带来的巨大的经济与社会变革。他很乐于接受委任，编制一份准确的地形勘测报告，这份资料将会成为大众广泛讨论的扩建工作必要的先决条件。1855 年 11 月，他提交了一份新的地图。[18]

这张地图堪称地图制图学上的一个里程碑。一开始，塞尔达绘制的比例为 1∶1250，后来他打算将地图的比例缩小为 1∶1500。"他以其一贯的严谨态度，一丝不苟地绘制着地图上的等高线。"[19] 为了避免出错，他安排了三个专业团队，针对地图上所有的信息进行分别审核。1856 年出版的《公共工程记录》（Public Works Record）称，塞尔达的作品"是我们所见过的最清晰、最完美的地形测绘图，在这份图纸中，地形状况都是以水平剖面表示的，每个剖断面间距为 1 米，没有任何一个数据是随意编造的。"[20]

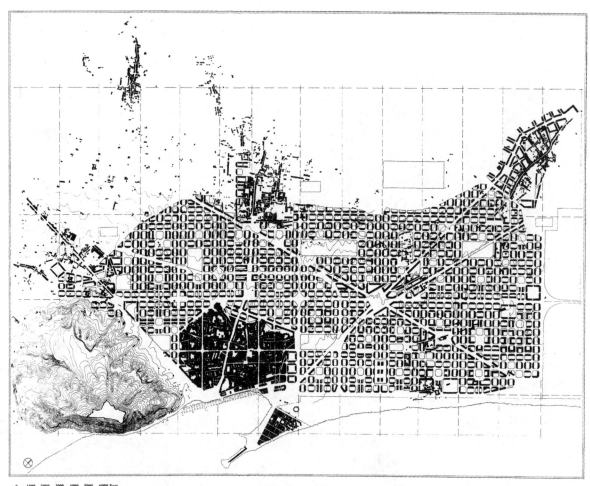

伊尔德方索·塞尔达，巴塞罗那扩建区重绘地图，1859 年

四年之后，也就是 1859 年，巴塞罗那举办了城市扩建设计竞赛，而扩建区就是以塞尔达绘制的这份地图作为基础图的。塞尔达也参加了这次设计竞赛，但他的作品最初并没有获得奖项。当地政府决定将奖项授予另一位建筑师安东尼奥·罗韦拉·蒂亚斯（Antonio Rovira i Tias），但后来，马德里中央政府推翻了该项决策，最终将这份城市扩建规划的委任状交给了塞尔达。同其他人相比，塞尔达除了执行过地图测绘之外，他还有另外一项优势。在举办竞赛的三年前，他曾经发表过另一份不同的调查报告：一份关于巴塞罗那工人阶级人口状况和社会状况的统计摘要。[21] 在扩建设计竞赛的八年之后，1867 年，塞尔达出版了《城市化的一般理论及其原则和学说在巴塞罗那改建和扩建中的应用》（General Theory of Urbanization

and the Application of Its Principles and Doctrines to the Reform and Expansion of Barcelona）一书，在书中，他详细阐述了自己对巴塞罗那城市扩建的一些构想。[22]

1860 年 10 月 4 日，当时扩建区马上就要正式启动建设了，塞尔达的规划因其单调乏味、缺乏人类多样性等原因，遭到了当地建筑界的诟病。[23] 在他的著作中，塞尔达对这些反对的声音进行了反思，并澄清了他对在设计竞赛中所表现出来的一些意图的看法。他的规划所采用的是现在著名的街区区块模式，以倒角的形式从北侧、西侧和东北侧将巴塞罗那老城区包围在中心。这是一种抽象的图形，极具视觉上的感染力。塞尔达在占地 9 平方公里的区域内，一共设置了 550 个地块，没有考虑土地朝向大海存在着平缓的坡度。在这种模块化的规划模式下，只要地形地势整齐规则，就可以在任何地方进行扩建。

这个城市是根据对一些社会问题的关注而塑造的，这是我们在规划图上看不到的，或是今天我们走过巴塞罗那扩建区也感受不到的。塞尔达在他的著作中清楚地写道：在他设计的结构中，最小的单元是城市街区，其面积为 113.3 米见方，四角呈著名的 45° 切角，如此便可以形成四个沿街立面，每个长度为 86 米，而在交叉点上，由四个比较短的立面围绕形成中心广场。标准的街道宽度为 19.80 米，而交叉点广场的边长为 48 米。在每一个街区模块中，只有三分之一的面积——约为 5000 平方米——被规划为建筑用地，建筑物整齐排列，限定高度为基础之上两个楼层。这些联排式的建筑物占据每个街区模块的两条边；而另外两条边将会对公园开放。当我们看到塞尔达的参赛图纸时，马上就能明确地看出他的设计意图。他所绘制出来的图形与这种描述是相互吻合

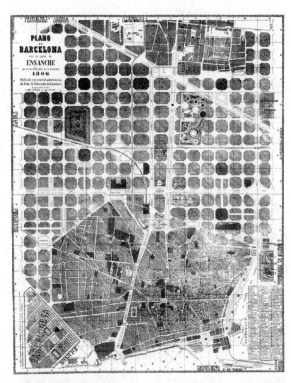

巴塞罗那扩建区地图，1866 年。资料来源：巴塞罗那公共工程部

格拉西亚大道（Paseo de Gracia），巴塞罗那

的。如果按照塞尔达的规划进行实际建造，那么这片扩建区域将会变成一座花园城市。他希望每 25 个区块，5 个乘 5 个，能够组成一个社区，拥有自己的学校和教堂；每 100 个区块，10 个乘 10 个，应该形成一个行政区，而每一个行政区都应该保留一个完整的区块作为市场和公园。

巴塞罗那的北部，在塞尔达的规划中可以看到有 6 个行政区。在位于老城区中心正上方的扩建区内，始建于 1860 年的格拉西亚大道（Paseo de Gracia）两侧，社区和行政区的格局没有那么清晰。

作为城市开发具体的形象，塞尔达的规划方案只对三维元素进行了限制性的控制。在

1866 年出版的一份官方地图中，并没有显示出塞尔达设计的联排式住宅的双面街区。相反，建筑物的高度限制被设定为 17.37 米，或是 5 个楼层；1891 年，高度限制又被提高到了 19.81 米，允许沿着每个街区的周边建造 7 层楼高的联排式建筑。[24] 在塞尔达最初提出的规划设计中，建筑密度为每个街区容纳 1.39 万平方米建筑面积，而后来也被增加到了 71 万平方英尺 6.59 万平方米。

在评论家们看来，人口密度的增加导致了疾病与社会问题的爆发。"中世纪从来没有逃脱过普通人的命运。"根据 1888 年一位名叫法利亚（Faria）的医生所做的医学调查，发现伤寒、淋巴结核、贫血症和肺结核在这个本应是"最

美丽、最健康的城市"中是很常见的。洗手间的污水直接排放到开放式的下水沟，对空气和水源都造成了严重的污染。

同年，另一位评论家针对塞尔达的扩建区规划是这样写的："两个楼层的联排式住宅以及地下室都被花园围合起来，这样的配置所表述的是欢乐与愉悦的氛围，每个街区区块只有两面配置住宅，这就意味着每一个家庭都是分隔封闭的，如今，他们已经变成了名副其实的贫民窟。在巴塞罗那的贫民窟，家庭就都是封闭起来的。于是，投机的力量被毫无节制地释放出来。"[25] 塞尔达的规划是站不住脚的，因为它意味着一种政治条件，而这种政治条件能够控制由正规的土地部门鼓励的投机活动。[26]

塞尔达的提案并没有对私有财产施加太多的控制；然而，在共有空间方面，他的规划却拥有着长久的生命力。街道、街区区块，以及宽阔的林荫大道，这些元素都经过了缜密的研究，仔细分析了所有的尺度。

塞尔达提议，在每个街区区块内都要种植100棵树。在扩建区的很多街道上，仍然有规律地间隔排列着很多梧桐树。在这些大树的阴翳之下（树木的间距为7.32米），行走在9.14米宽的人行道上是一种令人非常愉悦的体验。树木的阴影投射在街区的地面上形成一定的图案，与露天开放的广场交替出现，为步道营造出一种韵律。当行人必须穿过宽阔的街道，或是对角线方向的街道时，这种韵律感就会被打断，但是由于这些街道的出现也存在一定的规律性，因此韵律感很快会重新建立起来。

不同于早期一些评论家对塞尔达规划的批评，在这样的步道上漫步，基本不会令人感到无聊或单调。在这一区域的某些地方散步，真的会给人带来一种疗愈的体验，比如说沿着格拉西亚大道，在安东尼奥·高迪铺着地砖的人行道上漫步，或是西面的一个街区，设于加泰罗尼亚在兰布拉斯大道中央的人行道上散步。这些城市空间为行人带来了一种掌控感，令他们惊异于自己摆脱了汽车交通的冲击。

到了19世纪末，越来越多的规划者已经逐渐习惯了莱昂纳多·达·芬奇发明的概念性城市地图的图形惯例，并利用这种工具使城市形态的几何学结构走向合理化。理性规划这个议题需要存在一个假设性的前提，那就是拥有政治上的控制，其中包含城市中所有的私人场所和公共场所都要有利于居民健康，排除火灾隐患，而且无论是普通民众还是军队，都要能高效地通行。除此之外，理性规划的各项要素都可以量化与评估：从健康、舒适、安全与效率等各方面来考量，直线优于曲线，宽阔优于狭窄。

在巴塞罗那，理性规划的不断发展带来了一种独特的风格：利用直尺，塞尔达创造出一种"对角线模式"，就像是加泰罗尼亚的荣耀广场，那里有两条对角线方向的街道穿过格兰维亚大道（the Gran Via）。尽管获得了一个冠冕堂皇的名字，但是这种由主要道路交叉而成的区域在其创建之前，并不存在什么地理上的、象征的，或是什么其他的意义[27]，就这一点而言，这个广场并没有因为它在网格中所处的核心地理位置以及可达性，而成为巴塞罗那的中心。然而，这样的状况可能会发生改变，因为在20世纪末，那里终于出现了一栋表演艺术的综合体建筑。

针对一座城镇的规划设计过程本身，并没有提出什么关于尺度与比例的决策，可以使城市形态的体验感提升。在19世纪末，为了应对迅速发展的城市化进程，撰写关于城市形态类著作的作者们开始强调艺术性原则，并由此寻求可以表现城市规划几何结构的形式。英国城市设计师雷蒙德·昂温（Raymond Unwin）利用德国规划师约瑟夫·斯图本（Joseph Stübben）[28] 的一些素材，为英国的读者们讲述有关城市设计的艺术。在他们之前，还有与塞尔达同时代的奥地利画家卡米洛·西特（Camillo Sitte）。

维也纳，1870 年

奥地利著名建筑师卡米洛·西特编写了一本关于城市设计中艺术考量的著作，名为《城市规划》（Stuädtebau），那个时候，维也纳著名的环城大道（Ringstrasse）上包含大型公共纪念碑和私人公寓的大规模建筑群即将竣工。[29] 西特关于城市生活与城市形态的观点，同其专业上的竞争对手截然相反。当时，他的专业对手以理性思维塑造城市形态这种概念，成功抓住了维也纳自由政府的心。卡米洛·西特是工艺美术运动的发起人之一。他曾经就读于维也纳理工技术学院（Vienna Polytechnic），并于 1875 年在奥地利的萨尔茨堡创办了国立工艺美术职业学校（the state professional school for arts and crafts），之后又在维也纳创办了第二所学校。

卡尔·休斯克（Carl Schorske）写道，西特"赢得在社群主义理论家当中崇高的地位，在这个群体中，他受到了其他改革者的尊敬，比如说刘易斯·芒福德和简·雅各布斯。"[30] 在我们讨论城市的表征，以及表现方法对城市设计的影响时，西特的贡献是非常重要的。在他的绘图法中，将概念性与实际体验两方面的内容很好地结合在了一起。他绘制过很多地图进行研究，包含详细标注尺寸的城市空间以及人视图，所涉及的城市主要分布在奥地利、意大利、德国、法国和比利时。他通过图像的方法举例说明了什么是实体的围合和空间的定义。

如果说在城市设计艺术中尺度是非常重要的，那么实测图就是对那些值得记住的地方的必要记录。西特的地图中没有标明比例尺，因此，它们所传达的只是围合与封闭这些相对的空间关系。但是，西特一直坚持主张要绘制三维的城市测绘图，这是一种新的理念。他含蓄地指出，城市设计是接受过职业训练的专业人员的工作，而这些人应该能够想象出城市的三维造型。受到西特著作的影响，情况发生了变化：从前，当城墙倒塌后，负责城市防御设计的军事工程师会将设计林荫大道的任务交给工程师负责；但是，在西特发表了他的著作《城市规划》之后，城市外部形态的设计变成了建筑师的职责。

在西特的作品中最富创造性的元素，就是他一直坚持城市中的场所会反映居民们的心理状态，这种理念应该理解为，生于世纪之交的一代，他们着迷于奥地利精神分析学家西格蒙德·弗洛伊德（Sigmund Freud）的学说，并对人类大脑的运作越来越感兴趣。[31]

19 世纪中期的维也纳，已经破裂了。这座古老的城市以罗马为中心，在中世纪曾向外围延伸，仍然被巨大的防御工事包围着，而这些防御工事是为了抵御土耳其人猛烈的攻势而设置的。但是，维也纳的城市范围已经有很大一部分突破防御工事的封锁，扩展到缓冲区域之外。由自由党执政的新政府计划拆除旧的防御工事。1848 年，这座城市以及一些机构，包含国王的宫廷在内，它们所面临的威胁并非来自侵略者的入侵，而是来自激进分子的革命。

西特打算将位于中心的老城区街道与城市街区，同布局上更富有规律性的郊区组织成一种连续性的结构。看似偶然，透过街道网格复杂的几何造型，"自然而然"地就会塑造出城市的空间。例如，在新国会大厦、奥匈帝国议会大厦等大型建筑前，西特提议还要加建一些建筑物，如此才能产生围合，形成尺度合理的广场，供人类社区使用。然而与西特的提议相反，在官方的规划中，在这些广场中占据主导地位的都是些辉煌璀璨的建筑。由此产生的城市空间尺度巨大，而这样大尺度的空间对于传统的城市空间用途——贸易、集会、庆祝和示威游行——来说，都太过巨大了。而且，这些大型广场与通往它们的街道之间并没有连接在一起。这样的城市空间是空洞的。

在西特看来，所谓广场指的并不仅仅是一块尚未开发建造的土地，它应该是一个被围墙包围起来的空间，就像室外的房间一样，它是上演着公共生活的剧场。"没有人想到这一点"，他抱怨道。[32] 在他看来，城市发展委员会的成员已经丧失了理智。"开放性空间的风行，"他宣称，将会产生一种新的城市神经症，或者称为广场恐惧症，人们会害怕十字路口，害怕被空间压缩，害怕自己面对要搭乘的车辆时失去掌控、无能为力的感觉。[33]

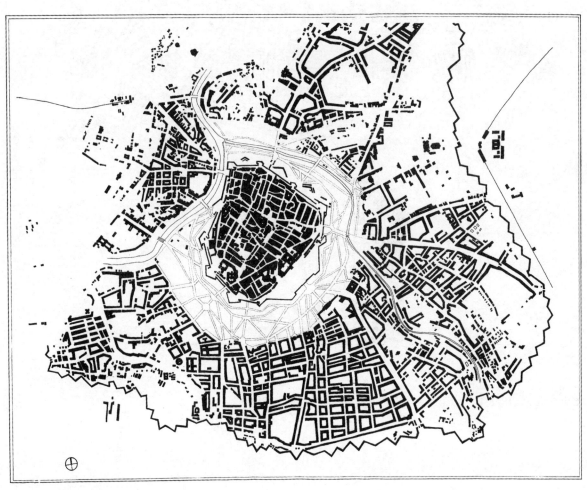

维也纳地图，1844 年重新绘制

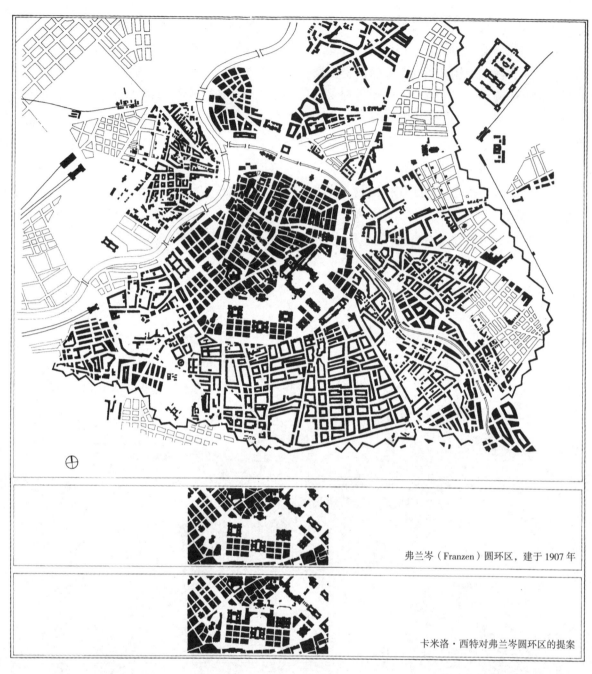

弗兰岑（Franzen）圆环区，建于 1907 年

卡米洛·西特对弗兰岑圆环区的提案

维也纳地图，1891 年（上图），并附有西特重新绘制的详细规划提案图

西特在他的著作中，展示了比例恰当的城市广场的尺度与图像，让公众看到了何为城市的品质，城市的品质实在是太重要了，决不能牺牲。他认为，同改善交通与环境卫生相比，提高民众的心理健康水平也是同等重要的。假如说，西特的作品可以被理解为尝试着为改善城市居民的心理状态而设计，那么他的批评者们或许可以看到其中进步的地方。然而，西特却不了解如何采用一种适合的方式表达他的理念，以吸引那些对心理学这个新兴领域感兴趣的人们的关注。结果，他的方法在与他同时期的人们眼中就像是历史的倒退；就这一点而言，我们当代的城市设计师也面临着类似的困境。在其作品中，他们常常会为了向前迈进而倒退回历史，这非常具有讽刺意味。对西特的批评者们来说，他们所看到的大多都是中世纪或巴洛克风格的广场、蜿蜒曲折的道路，因此会把他的设计解读为生活在过去，并且想要回到过去的人的作品。

在西特的著作《城市规划》首次发行（第一版，1889 年，出版后一个月内就售罄）35 年之后，勒·柯布西耶在 1924 年出版的著作《明日之城市》（Urbanisme）[英文版的书名为《The City of Tomorrow and Its Planning》（明日之城及其规划）] 中，给予西特这样的评价："蜿蜒曲折的道路是给驴子走的道路，笔直的道路才是给人走的。"在 20 世纪，机器时代极具吸引力的秩序感也影响到了城市的形态。勒·柯布西耶在第 1 章中对西特所主张的艺术性原则进行了驳斥——以漫画的形式讽刺为驴子走的道路——他所主张的是新的秩序，是人类的道路。"新城市主义"所呼吁的是理性主义、功能性与效率。

蜿蜒的道路是自由散漫、随遇而安、缺乏关注点，以及动物性体现的结果。而笔直的道路则是一种反应，是积极的行为，是人类自我控制之下的结果。它是理智的与高尚的。

城市就是紧张生活与努力奋斗的核心。一个自由散漫的民族，或是社会，或是城镇，人们不努力工作，精神涣散，很快就会陷入闲游浪荡，并会被一个以积极的方式投入工作并拥有自我控制能力的国家或社会所征服。这就是城市化为乌有、统治阶级被推翻的一种汰旧换新的方式。[34]

当勒·柯布西耶在 1924 年写下这些话的时候，欧洲大陆刚好亲眼目睹了俄国从专制主义和以农业经济为主，直接跨越到了社会主义社会，这种变化是空前的。在苏联之外，勒·柯布西耶对于秩序的呼唤，同人们对于建立在技术、个人主义和知识理想基础上的新社会的共同呼声交织在了一起。

勒·柯布西耶著名的有关驴子的辩论还有一段有趣的历史。他曾经以自己的本名夏尔·爱德华·让纳雷（Charles Edouard Jeanneret）开始撰写一篇名为《城市的建筑》（La Construction de Villes）的手稿。这是他早期的一部作品，在那个时候，西特的著作法语版本（由卡米洛·马丁于 1902 年翻译）对让纳雷产生了很大的影响。事实上，让纳雷一直都没有完成这份手稿 [1982 年，艾伦·布鲁克斯（Allan Brooks）重新发现了这些资料]，但他却准备好了一些插图，这些插图都是他早期作品中的佼佼者。让纳雷曾经在他家乡拉绍德封（La Chaux-de-Fonds）的艺术学院教授绘画。举例来说，这些插图中的一部分所暗示的就是在慕尼黑漫步时的体验。在 Neuhausserstrasse 大街上，前方的视野突然封闭起来了（如此便产生了西特所谓的

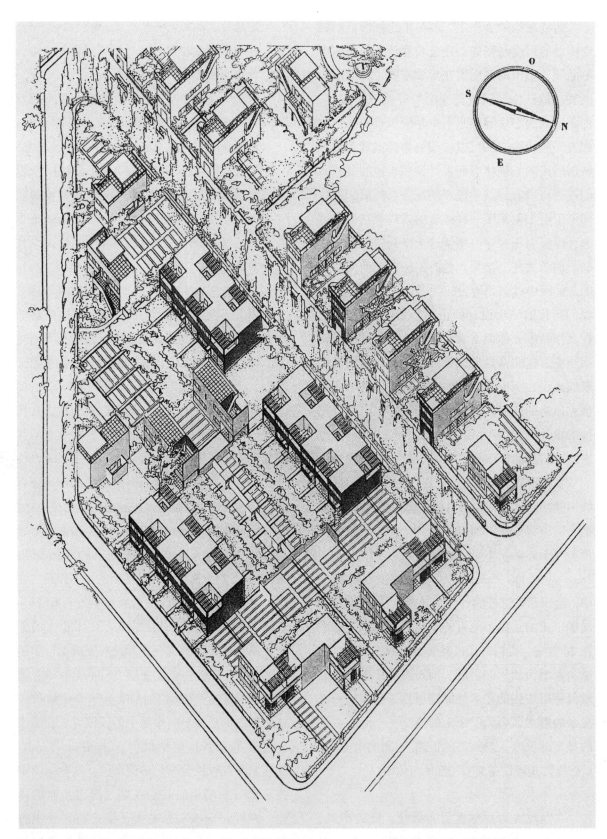

波尔多 – 佩萨克的"现代的工人住区",勒·柯布西耶设计，1926 年。© 巴黎勒·柯布西耶基金会

"geschlossenes Architekturbild"），这是因为沿着一条笔直的道路，一栋建筑映入眼帘。但是，如果行人沿着同一条道路向回折返，那么他就会看到圣母教堂（Frauenkirche）壮丽的双塔。当他在英国旅行期间，在汉姆斯特德田园城市（Hamstead Garden City）也观察到了类似的空间特质。[35] 这就是："要吸取教训（La leçon de l'âneest à retenir）。"我们应该铭记驴子的教训。在那份手稿中，他呼吁规划人员要从驴子的故事中学到如何设计出尊重自然景观，并强化景观特色的道路，而且"永远都不要因为坡度的变化而疲于向前攀登。"[36]

在《明日之城市》这本书中，勒·柯布西耶已经摆脱了西特的影响。但是，他依旧坚持将城市描绘为"建筑景观"。他耗费了一生的时间研究开发可以支持居住区地形的建筑类型学，例如1925年，他为波尔多-佩萨克（Bordeaux-Pessac）设计的工人住区（Fruges），或是他后来对里约热内卢和阿尔及尔建筑景观的研究。[37] 但是，勒·柯布西耶和现代运动的拥护者们既没有把这样一种建筑景观视为一系列的图像，也没有将它们表现出来，而是将其视为一种机械系统的干线与有机体，而城市正是由它们所构成的。

城市一直以来都是商品和服务的生产和交换场所。在20世纪20年代，生产的现代化就意味着机械化程度的提高，而由此产生的结果就是居住区与工厂分离，生产与消费分离。住在城市里的居民变成了每日在住家和工厂间往返的通勤者。工业生产的发展使得那些追随工业美术运动的城市设计师们（从本质上来讲，这些人都是西特的追随者）暴露在了机械的寒流之中。像现代主义雕塑家伯恩哈德·霍特格（Bernhard Hoetger）这样的艺术家，他们一直以来追求的都是"独特的空间，而不是工厂制造的千篇一律的产品"。"他们想要的是个性，而不是规范、模式、系统或类型。"[38] 但是，到了1928年，有很多现代主义者已经不再赞成比利时设计师亨利·凡·德·维尔德（Henry Van de Velde）在1914年提出的论点，即认为艺术家要创作出一个个造型各异的作品，并转而支持德国建筑师赫尔曼·穆特修斯（Hermann Muthesius）提出的相反的论点。亨利·凡·德·维尔德和赫尔曼·穆特修斯都是德国工匠协会（German Werkbund）的成员。穆特修斯宣称，现代设计要追求的目标是集合与标准化。假如说产品一定要进行标准化的生产，那么最好是以实事求是的风格进行生产，这也就是"新客观主义"（Neue Sachlichkeit）。对城市的形态来说，这种方法所需要的是抽象与精准、空间感与自然的包容，以及对数学和模块的迷恋。

新城市的愿景就像梦境一样，即使是居住在北方的居民，也同样可以享受到地中海气候的温暖。城市新扩建区的居民们"会看到并感受到温暖的阳光"，但是，古老的城市中心区的人口却会逐渐减少，这一定是一个显示城市失败的标准。[39]

新城市的设计者们希望能让所有的居民都可以平等地感受到工业生产的成果，为每一个人提供优秀的设计。例如，包豪斯城市规划师路德维希·希尔伯塞默（Ludwig Hilberseimer）提出，要从根本上减少城市中被建筑物覆盖的土地面积，增加绿地，这样，每个人的生活都可以更接近于大自然。他还深入设想了高楼林立的新型巨型城市。在他看来，这样的城市模式有利于维持秩序，并可以避免混乱对个人造成的麻痹效应。居住在标准化住宅单元中的人们，他们的需求是可以预测的——对家具、电器的需求，以及不久之后对汽车的需求。新城市鼓励消费，但却不一定会鼓励稳定的个人土地所有权。城市里可以利用的土地一般都是相对较小的地块，大多都是私人所有。新的城市设计的执行，有赖于土地的重新划分。[40] 只有很少数的现代主义者对于在城市设计中采用过于概念性的方法持强烈的反对意见。著名建筑师埃里克·门德尔松（Erich Mendelsohn）曾经游历过世界上的很多地方，其中也包括新俄国，他在 1928 年写道，世界建筑需要将"机械的有限性同生活的无限性"结合在一起。[41] 在《城市建筑，古代与现代》（Urban Architecture, Ancient and Modern）这本杂志中，布鲁诺·陶特（Bruno Taut）在一个名为"黎明"（Frühlicht）的专栏中讨论了这项新的运动，并摒弃了之前所有的观念，无论是新的还是旧的。在美国，弗兰克·劳埃德·赖特曾向年轻一代的建筑师们谈论到过度概念性的设计方法："不要从机械到生活都要进行合理化的思考。忘掉世界各地的建筑风格吧，自己到建筑工地去实际地看一看。"[42]

现代主义运动在欧洲重新开始进行，当时，在第二次世界大战中被摧毁的城市急需重建，这就使得那些在 20 世纪 20 年代发展起来的主题得到更广泛的应用成为可能。宽阔笔直的街道布局整齐，街道两侧同样排列着整齐划一的建筑物，而在历史上，这个地区的建筑本是多种多样的。1944 年，艾弗·德·沃尔夫（Ivor de Wolfe）在《建筑评论》（Architectural Review）杂志的社论专栏中，发表了一篇名为"创造城市景观的艺术"（the Art of Making Urban landscapes）的论文。在文中，他出乎读者们意料地呼吁城市设计的多元化，其目标就是要建筑师了解"如何让比尔·布朗（Bill Brown）知道他会得到什么"。"他也不是个傻瓜"，他写道；"他有足够的能力可以想象出规划中所固有的复杂性，甚至可以为了更多人、

更大的利益而做出牺牲，但是他觉得，如果不能给他一个概念，一个非常清楚的概念，那么就不该期望他能履行好自己的职责。他想要的是一幅关于世界的图景，而这幅图景是规划者创造出来的。"[43]

由《建筑评论》杂志编辑沃尔夫发起的新运动，后来被称为"城市景观运动"，其名称来源于"城市景观专题汇编"（Townscape Casebook）这篇文章，该文是沃尔夫与插画家戈登·卡伦（Gordon Cullen）为 1944 年 2 月号刊物撰写的一篇社论。他们发表这篇文章最主要的目的，就是要提醒读者在景观中布置物品的独特传统。库伦和沃尔夫希望他们发起的运动能够得到民众的支持：民众们不可能会喜欢"新耶路撒冷（new Jerusalem），那里到处都是开放空间和白色的混凝土"，而这些东西都是现代主义者们所提出的。[44] 戈登·卡伦在他 1961 年出版的《城市景观》（Townscape）一书的序言中写道："将环境组织在一起的方式，可能是最令人兴奋、最常见的快乐来源之一。抱怨丑陋是没有用的，因为你根本就没意识到那双夹脚的鞋子实际上是一双联赛的战靴。"[45] 库伦认为，设计专业人员需要普及环境设计艺术的知识。在他写下以下文字的时候，眼睛真的在闪闪发光："当人们在大街上看到一名规划师的时候，就激动地将帽子抛向天空（其中有多少讥讽的笑声，可以用来评价我们工作的欠缺），而现在，民众这样激动的反应都是献给足球明星和流行歌手的。我们要尽自己最大的努力，使环境塑造者们也能够获得民众这样热烈的感情，直到这一天的到来。"[46]

尽管库伦的作品受到批评的原因，同那些批评西特理论背后的原因很类似——这些画面唤起了人们对一些地方过去的回忆——但是他对城市设计中的表现方式还是产生了非常重

的影响，因为他开发了一种记录的方法，用来记录他所谓的"空间意识"。运用他的技术，建筑师就能够以图像的形式展示一个人在城市中行走时的体验。

通过这样的方法，应该可以将用来描绘城市的抽象方法同一个人实际的感受结合在一起，利用图形的形式解释概念，以及表述对城市形态的体验，其理想状态下是一种非静态的视觉语言，而那些曾经生活在这个地方的人们是可以理解这种语言的。为了追求表述的完整性，像这样将两种相反的方法融合在一起是有必要的。

然而，像勒·柯布西耶或艾弗·德·沃尔夫这些作家与不同阵营支持者之间的论战表明，他们之间的分歧还是很深的。无论是依靠抽象概念，还是实际的体验所塑造出来的城市形象，它所描绘的并不仅仅是城市空间，还表现出了截然不同的思维模式，甚至有可能还会涉及不同的政治信仰。如果说一份概念性的规划方案在很大程度上所强调的是几何学秩序，那么它们就意味着需要集中的控制——政治、制度和经济——才能实现这种秩序。但是，对很多人来说，那种会暗示某个特定的地方将来有可能会是什么样子的图像，很可能会引起他们的反感，而反过来，这些人又可能会反对实施集中的控制，究其原因，或许与某个特定的设计方案有关，当然也可能与此无关。

在第二次世界大战之后的那段时期，城市表现当中的政治因素还是很重要的。在20世纪50年代的波士顿，州政府对这座著名的历史中心进行了改造——拨款更新与建造城市的高速公路。建筑师兼规划师凯文·林奇和艺术家约吉·凯普斯（Gyorgy Kepes）都对波士顿这座城市产生了浓厚的兴趣，并意识到这座城市的物理结构将会发生巨大的改变。凯普斯开始对城市的视觉形态进行调研。他们希望能够说服那些负责重建规划的人，使他们听取当地居民的一些意见。

根据凯文·林奇的说法，他和凯普斯所做的"第一项研究太过简单，不值得获得尊重。"[47]他们的工作团队就波士顿市中心的形象问题采访了30位居民，后来又在泽西城和洛杉矶进行了同样的访问，受访者们认为，这些城市要么因为缺乏个性而欠缺鲜明的形象，要么因为后两个城市大量使用汽车，因此在某种程度上影响了居民对城市的看法，进而产生了与波士顿不同的形象。参与这项研究的人员都没有接受过关于行为研究方法论的正规培训，同时也没有什么文献资料对他们进行引导。工作人员仅向这些受访者提供了肯尼斯·博尔丁的著作《图像》（The Image），作为他们接受访问的理论基础，而当时，这本书还在写作过程中。[48]林奇认为，城市的形象是一种共享的知识，它是属于公众的，而不是属于个人的；当地的居民都会以相似的方式感知他们所经历的事情。林奇从来没有明确地得出这样的结论，即认为主观的个人知识一旦成为共享的，就会变成为客观的——这样的结论属于认识论的范畴——但是他却得出了另一个结论，即如果一群人相互分享他们对于城市形象的认识，假如各种形象都是大致相同的，假如居民们都是通过相同的经历建立起这些城市形象的，那么他们每个人的价值体系也一定是大致相同的。

他向受访居民们提问，他们对这座城市的印象是什么；此外，他还要求他们绘制一幅草图，描绘想象中的旅行，并在很多张照片中辨认出拍摄地点的位置。居民们描述出了一些波士顿所特有的元素。他们中的一些人带着研究人员在城市中散步，讲述他们看到了什么，以及他们在脑海中认为应该如何建设这座城市。

"有的时候，我们听着采访录音带，看着那些草图，仿佛已经和受访者一起置身于相同的虚拟的大街上，看着人行道起伏转折，看着一栋栋的建筑物与开放空间相继浮现，体会到当辨认出照片上的景物时内心的惊喜，或是无法辨认时内心的困惑，那里应该就是城市的某个地方。"[49]

通过研究，林奇得出结论，波士顿的居民对他们的城市拥有一个相对一致的与详细的心理意象（mental image）——这是一种通过自己与场所之间的相互作用而产生的形象。这种形象无论是对人们真实的机能，还是对他们的情感健康都是非常重要的。除此之外，林奇还演示了心理意象可以通过影像地图（image map）记录下来，这是一种利用视觉语言表现人类体验的新型地图。

林奇发表了一篇关于城市环境如何给人留下深刻记忆的论文，受这篇论文的启发，北美和欧洲的一些设计师开始寻找他们自己的新视觉语言。在林奇的著作《城市意象》（The Image of the City）出版之后的15年间，新的符号系统不断涌现，每一位设计师都在探寻一种新的标准统一化语言。现在回想起来，所有这些系统都有些古怪。尽管这些系统在形式上都很优雅，往往设计巧妙，但它们都是以代码的形式来表示的，这就意味着必须加以解释才能让他人明白。有些代码类似于音乐的乐谱——或是一种用于编排舞蹈动作与空间意义的语言。[50]对于那些使用符号的设计师们来说，符号已经变成了一种多用途的方法，利用这种方法，他们可以预测民众对任何既有的，或是提案将要开发的项目的印象。"规划图纸上装饰着节点和各式各样流行的符号。不再有人想去接触真正的居民，因为这种努力很耗费时间，而且还可能会让人心烦意乱。"[51]

到了20世纪70年代初期，随着对描述人类体验与感受的新语言的探索发展到其他领域，特别是发展到地理学和环境心理学这两个新的领域[52]，林奇的著作变成了一个更大范畴研究课题中的一小部分，这个课题就是人类认知学（human cognition）[53]。举例来说，美国社会心理学家斯坦利·米尔格里姆（Stanley Milgrim）曾经找到218名巴黎人，让他们画一张他们城市的地图。[54]"第一个原则就是，现实与想象之间的联系是不完美的。塞纳河在流经巴黎的时候形成了一个巨大的弧线，几乎有半个圆形，但是在巴黎人的印象中，这个曲线要比实际的状况平缓得多，甚至有些人认为塞纳河在流经巴黎时呈一条直线"。对于这种扭曲的认知，我们或许可以这样解释，一个人站在塞纳河的堤岸上，他所看到的河流景象要比实际上平直得多。从某些地方观察，塞纳河确实是呈一条直线的。

事实上，很多现代巴黎人绘制的巴黎地图非常类似于文艺复兴前绘画式的地图，他们会选择一些符号描绘出城市的精华所在。有趣的是，巴黎人在选择符号的时候表现出了惊人的一致性：他们都选择了塞纳河、圣母院（Notre Dame）和法兰西岛（the Île de la Cité）。

在218名被要求绘制地图的人当中，有近200人注意到了塞纳河和城市沿着市郊环城大道（périphérique）的界限。按照出现频率从高到低排序，至少有一半的地图上出现了以下这些主题的符号，埃图瓦勒酒店（Étoile）、凯旋门（Arc de Triomphe）、圣母院、埃菲尔铁塔（Eiffel Tower）、布洛涅森林公园（Bois de Boulogne）、卢浮宫（Louvre）以及协和广场（the Place de la Concorde）。此外，出现在名单中的还包括香榭丽舍大街（Champs Élysée）、卢森堡花园（Luxembourg Gardens）、万森纳绿地公园（Bois

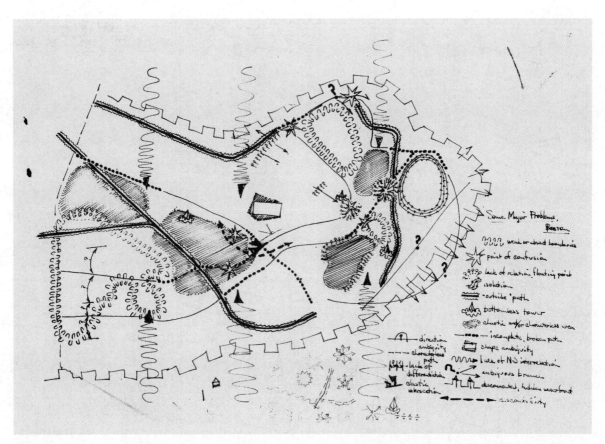

波士顿形象研究：主要问题实地分析，节选自《城市意象》，凯文·林奇著，1964年。© 麻省理工学院档案馆

de Vincennes），以及蒙帕纳斯车站（Montparnasse Station）和蒙帕纳斯摩天大厦。巴黎人喜欢说这座城市是个旅游胜地，但真正的巴黎却是截然不同的。那些游客们参观与记忆的地方，似乎为居住在巴黎的本地人提供了基本的认知结构。"假如你遭到驱逐，被迫离开巴黎，那么你会在这座城市中选择什么地方进行最后一次散步？"当被问到这个问题时，人们可能会从逻辑上沿用法国人的历史观来回答。巴黎本地人与游客给出的答案惊人地相似：沿着香榭丽舍大街的左岸散步。甚至有很多巴黎人会想要加入游客的行列，利用最后一次机会去攀登蒙马特高地（Montmartre）。[55]

巴黎人的意境地图（mental maps）是20世纪六七十年代城市扩建设计的一部分。研究人员通过集中的访谈与观察——这是通过社会科学发展起来的工具——让广大市民都有机会参与城市设计。例如，丹麦建筑师扬·盖尔在1968年观察了哥本哈根步行街（Strøget）上的行人，这是一条主要的商业街，五年前，这条位于市中心区的旧街道以实验为目的，暂时关闭了汽车通行的功能。在一个温暖的夏日，走在这条步行街上的行人有66000名。盖尔记录了近30年来在不同的时间段里行人的活动状况，分析物理空间的改变会对空间的使用带来怎样的影响。他观察人们会在什么地方驻留聚

● 站立
× 坐
△ 音乐家，表演者
□ 小贩、服务员

1995年7月19日，星期三
时间：下午13:30
天气状况：良好，气温23℃
站立：340人
坐：389人
总人数：753人

● 站立
○ 站立交谈
□ 站立等待
× 坐

1968年7月23日，星期一
时间：中午12:00
天气状况：良好，气温20℃
站立：429人
坐：324人
总人数：729人

扬·盖尔，地图显示了在哥本哈根步行街上行人的活动状况，有些人坐着，有些人站着，分别取材于1968年7月和1995年7月。在这两幅地图中，所记录的时间点都差不多，天气状况也很相似。在1968年记录的753人中，站着的有429人（在谈话或是在等待），坐着的有324人。在1995年记录的729人中（包括音乐家、表演者、小贩、服务员和行人），站着的有340人，坐着的有389人。1968年7月地图，节选自《交往与空间》（Life between Buildings），扬·盖尔著，1987年；1995年7月地图由扬·盖尔提供

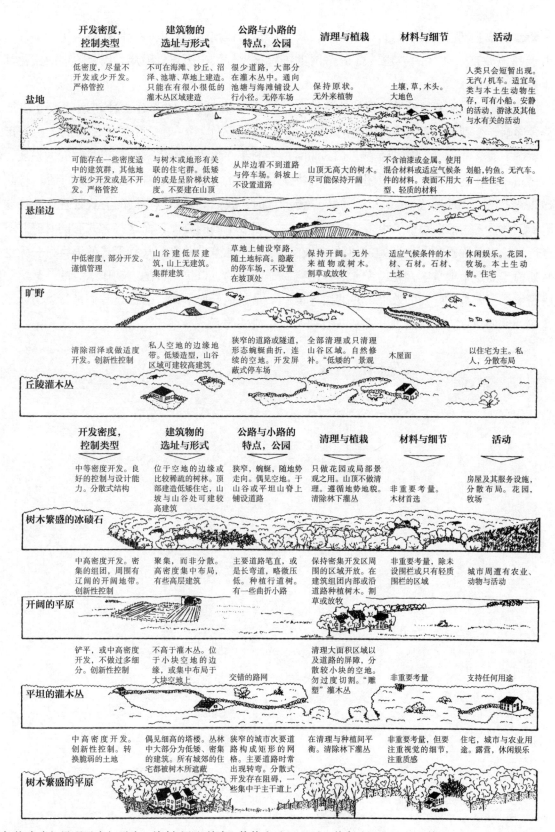

	开发密度，控制类型	建筑物的选址与形式	公路与小路的特点，公园	清理与植栽	材料与细节	活动
盐地	低密度，尽量不开发或少开发。严格管控	不可在海滩、沙丘、沼泽、池塘、草地上建造。只能在有很低很低的灌木丛区域建造	很少道路，大部分在灌木丛中。通向池塘与海滩铺设人行小径。无停车场	保持原状。无外来植物	土壤，草，木头。大地色	人类只会短暂出现。无汽/机车。适宜鸟类与本土动物生存，可有小船。安静的活动，游泳及其他与水有关的活动
悬崖边	可能存在一些密度适中的建筑群，其他地方极少开发或是不开发。严格管控	与树木或地形有关联的住宅群。低矮的或是呈阶梯状坡度。不要建在山顶	从岸边看不到道路与停车场。斜坡上不设置道路	山顶无高大的树木。尽可能保持开阔	不含油漆或金属。使用混合材料或适应气候条件的材料。表面不用大型、轻质的材料	划船，钓鱼。无汽车。有一些住宅
旷野	中低密度，部分开发。谨慎管理	山谷建低层建筑，山上无建筑。集群建筑	草地上铺设窄路，随土地标高。隐蔽的停车场，不设置在坡顶处	保持开阔。无外来植物或树木。割草或放牧	适应气候条件的木材、石材。石材，土坯	休闲娱乐。花园，牧场。本土生动物。住宅
丘陵灌木丛	清除沼泽或做适度开发。创新性控制	私人空地的边缘地带。低矮造型，山谷区域可建较高建筑	狭窄的道路或隧道，形态蜿蜒曲折，连续的空地。开发屏蔽式停车场	全部清理或只清理山谷区域。自然修补。"低矮的"景观	木屋面	以住宅为主。私人，分散布局

	开发密度，控制类型	建筑物的选址与形式	公路与小路的特点，公园	清理与植栽	材料与细节	活动
树木繁盛的冰碛石	中等密度开发。良好的控制与设计能力。分散式结构	位于空地的边缘或比较稀疏的树林。顶部建造低矮住宅，山坡与山谷处可建较高建筑	狭窄，蜿蜒，随地势走向。偶见空地。于山谷或平坦山脊上铺设道路	只做花园或局部景观之用。山顶不做清理。遵循地势地貌。清除林下灌丛	非重要考量。木材首选	房屋及其服务设施，分散布局。花园，牧场
开阔的平原	中高密度开发。密集的组团，周围有辽阔的开阔地带。创新性控制	聚集，而非分散。高密度集中布局，有些高层建筑	主要道路笔直，或是长弯道，略微压低。种植行道树。有一些曲折小路	保持密集开发区周围的区域开放。在建筑组团内部或沿道路种植树木。割草或放牧	非重要考量，除未设围栏或只有轻质围栏的区域	城市周遭有农业、动物与活动
平坦的灌木丛	铲平，或中高密度开发，不做过多细分。创新性控制	不高于灌木丛。位于小块空地的边缘，或集中布局于大块空地上。交错的路网	清理大面积区域以及道路的屏障，分散较小块的空地。勿过度切割。"雕塑"灌木丛	非重要考量	支持任何用途	
树木繁盛的平原	中高密度开发。创新性控制。转换脆弱的土地	偶见细高的塔楼。丛林中大部分为低矮、密集住宅群。所有城郊的住宅都被树木所遮蔽	狭窄的城市次要道路构成矩形的网格。分散式开发存在阻碍，一些集中于主干道上	在清理与种植间平衡。清除林下灌丛	非重要考量，但要注重视觉的细节，注重质感	住宅，城市与农业用途。露营，休闲娱乐

如何使建造与景观元素相融合。资料来源：林奇、佐佐木（Sasaki）、道森（Dawson）和德迈（Demay）事务所，"观葡萄园"项目。葡萄园开发基金会

集，又会在哪些地方迅速通过。其观察结果被用于其他城市永久性的扩建人行道路网的设计中。[56]

林奇在城市表征领域的实验促使他从抽象的符号逐渐转变到了更符合传统惯例的形象化的示意图。在一个名为"观葡萄园"（Looking at the Vineyard）的项目中，他以图表的形式将玛撒葡萄园岛（Martha's Vineyard）的特点传达给了广大读者。他们邀请了很多社区成员共同进行讨论，从而抓住了葡萄园的体验。[57]在玛撒葡萄园岛这个项目中，通过视觉语言使当地居民团体了解拟建开发的效果，并就指导策略达成一致的意见。林奇通过分析——他本人也居住在这个岛上——使他对这里的地形、植被、气候、历史、民众，以及他们的文化都有了深入的了解。[58]

1976年，林奇对这种新型的专业表征进行了评价："一种适用于（城市的）感官形式的统一化语言，需要经历很长时间的发展，假如真的存在这样一种统一语言的话。与此同时，我们必须要以不同的方式处理这一课题中很多不同的方面，而这些方式有的时候并不能完全地兼容并立。某种形式的语言——无论是图形的、口头语言的、动作示意的、数字的或是其他任何形式——都是我们进行思考所不可或缺的。"[59]

第3章
运动的影像

西方的画家已经学会了通过研究人体表现运动的感觉。一位画家最终的目标可能是画风景或静物，但是人体素描对于探索任何一种具有韵律性的关系都是至关重要的——形体的组织、直线运动、坚固性、稳定性、机动性、平衡性，以及表现的特性。[1]

城市设计师们并没有类似于绘画的教育传统，尽管戈登·卡伦和埃德蒙德·培根（Edmond Bacon）的作品告诉他们，运动可以解读为一种图像的序列。对这种方法持反对意见的人们认为，对连续性视觉的依赖导致了设计过分的特立独行。假如说我们在想象一个场所的时候主要运用的是人视图，那么这种说法的确是正确的，但是，如果这些人视图与测量图（例如地图）结合在了一起，那么设计师就可以在城市设计中学习到有关尺度的重要经验。举例来说，一名设计师将一个地方的平面图同用来说明那个地方景观的一些图像序列进行对照，那么他就能更好地把握该地方的尺度。

图像序列的表征在西方文化中出现得比较晚。中国山水画家对于运动的表现是非常娴熟的。艺术史学家乔治·罗利（George Rowley）曾经这样写道："对于山水画师来说，空间设计的原则是通过将各个主题（motifs）孤立起来而实现的。"在罗利看来，所谓主题就是一些画面元素，而观众如果集中注意力就很容易把握这些元素。眼睛通过在这些元素之间的间隔移动，便可以克服每个主题之间的孤立状态，并将相邻的主题连接在一起。由此，观察者便可以自由"漫步"于景观之中，观察动态的世界："一幅画卷必须要在时间中体验，这与音乐和文学是一样的。我们的注意力焦点从右向左横向移动，每时每刻都限定在一小段文字当中，便于详细阅读"。[2]

画卷所讲述的是一个可以打断和反复的故事。接下来的"威尼斯漫游"所展示的就是这样一幅画卷，但它的阅读顺序不是从右到左，而是从下到上。乍看之下，这种阅读顺序似乎是有背直觉的，特别是图片一旁的文字叙述是以相反的顺序（从上到下）阅读的。但是，文字和图片的阅读是存在差别的。为了能够达到将读者带入所描述的空间这种预期效果，图片本身必须要按照从下到上的顺序来浏览。在西方的艺术传统中，凡是代表尚未实现的条件、未来的，以及与之相关的事物——也就是希望、期待等——都是放在图片的上部。空间或时间中当前的条件或状态，都表现在图片的中部；而过去我们遗留下来的东西，都放在图片的底部。读者的眼睛从下到上运动就意味着前进；而从上到下运动则意味着后退。[3]

读者在浏览这些威尼斯图片的时候，会将它们拼接在一起，从而获得一种在空间中移动的错觉。快速浏览这些图像序列就好像在看电影一样。类似于电影，图像序列也可以将观众带入场景当中。

►以巴纳巴街（Calle Lunga de Barnaba）为步行的起点，这是一条典型的威尼斯小巷：一条黑暗又狭窄的通道通往一个广场。行人会被这条通道以外的圣巴纳巴广场（Campo Santa Barnaba）上的光线所吸引。行人以对角线方向穿过广场。光线反射到教堂的正立面以及石砌路面上。经过一口盖着井盖的水井，远方广场转角处的一座小桥为步道指明了新的方向

沿着这条路我走过很多次，往返于朱代卡岛（Giudecca）。当我早期待在那里的时候，每条狭窄的小巷看起来都差不多，而桥梁作为空间元素脱颖而出，使我的运动变得富有条理，并表现出一种韵律感。我至今都还记得踏着阶梯随着拱桥上升时的体会，在"下降"到地面之前那短暂的片刻，我可以从高处看到更好的景观。沿着人行道设置的广场标志着运动的开始与终结。穿过一座广场所带给我的除了平衡感之外，还有对下一条要穿过的狭窄小巷的期待，它将通向下一座桥和下一个广场。

威尼斯的人行道全长约350米。走过这段路大约需要4分钟时间——相较于在这段路上会遇到那么多种不同的实体空间，这4分钟实在是非常短的。在威尼斯，建筑物、广场、小巷、运河和桥梁统统挤在一个小小的区域内。为了探讨威尼斯相较于其他城市的规模问题，我将威尼斯人行步道的长度覆盖在其他城市的地图上。下面所展示的14幅城市地图都是按照相同的比例尺绘制的，也就是1英寸（约0.3米）相当于200英尺（60.96米），这也是图像序列所对应的地图的比例尺。我选择了这14幅城市地图，它们代表了各种各样的城市尺度。有些城市的规模很小，例如日本京都或巴塞罗那。还有一些城市的规模很大，例如华盛顿特区。有一些城市的街道布局遵循着规则的网格；而在其他城市，街道布局的模式是没有规律性的。将与威尼斯4分钟步道同样的距离套用在这14

幅份地图上，所需要的时间好像也都各不相同。在大多数城市，似乎花费比较少的时间就可以走完这段路程。而在有一些城市，走完这段路程所需要的时间是接近于威尼斯的。对一名设计师来说，进行这样的对比是很重要的。城市元素的尺度和布局都会影响到人们对时间的认知。

在威尼斯的步行距离，相当于很多伯克利大学的学生每天从电报大道（Telegraph Avenue）和班克罗夫特大道（Bancroft）的转角处，步行到惠勒厅（Wheeler Hall）的距离（图中虚线所示）。这条路看起来要比威尼斯的步道短得多。

威尼斯的步行距离，在旧金山相当于从圣弗朗西斯酒店的入口出发，穿过联合广场，途径海军纪念碑，越过斯托克顿大街（Stockton），进入少女巷（Maiden Lane），直达环形画廊，由弗兰克·劳埃德·赖特设计——这真的是一段很短的步行距离。

小桥的旁边有一家卖镜子的商店。橱窗里陈列的一块很大的镜子映照出小桥，以及一对年轻夫妇正在走下台阶的景象。小桥的拱高于河面，几乎到了附近建筑物二层那么高。标牌上写着这座小桥的名字：雷佐尼可（Fondamente Rezzonico）的圣巴纳巴桥。在拱桥的最高点，有行人想要借助路标确定自己的位置。

但是在这里，画卷式的表现技法暴露出了它的局限性。画面继续沿着明显的路径走下台阶，进入巴切街（Calle de Bateche），但是行人却想驻足往四周看一看。转向左侧，可以看到那长长的、笔直的圣巴纳巴河，而且远处还有另外两座桥。威尼斯人可能不会记得这些桥的名字，可是一旦确定了方向，应该就能知道它们会通向圣马尔切里塔大广场（Campo San Marcherita）附近的另一个社区，那里有一个露天市场。转向右侧可以看到大运河，或许，还可以看到一艘停在圣萨穆埃莱广场（Campo San Samuele）的水上巴士，它将会开往里里亚托（Rialto）。然而在画面上，这些信息都没有表现出来

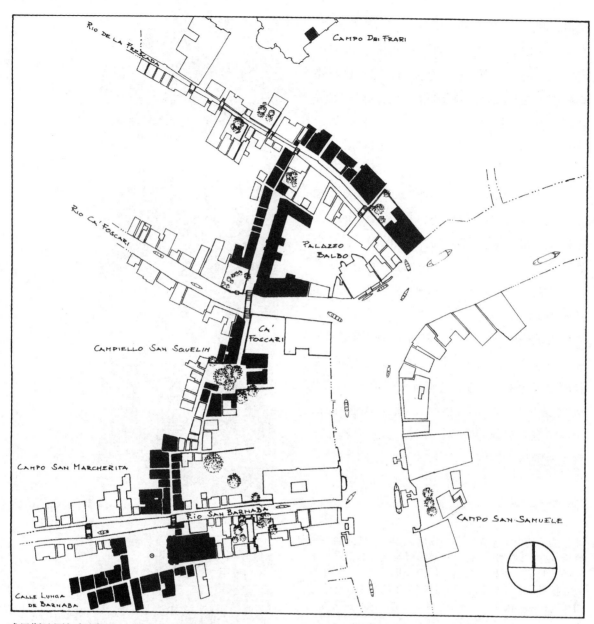

威尼斯地图细部详图（1英寸＝200英尺）。资料来源：威尼斯·亚特兰蒂斯（Atlante di Venezia），1989年

 还是在旧金山，沿着加利福尼亚大街从美国银行大楼出发，经过古老的圣玛丽教堂，之后转弯进入格兰特大街（Grant Avenue），抵达商业街转角处的一家餐厅，这样的一段路程似乎稍长于之前旧金山的那段步行距离，但还是比威尼斯的距离要短。

 在纽约的时代广场，从古老的时代城堡（Times Tower）下出发，途径军队招募站，并在百老汇和第七大道之间的安全岛处停下来，在那里可以很好地看到广场的全貌。运气好的话，穿过百老汇，继续朝百丽宫影城方向走，在达菲广场（Duffy Square）对面可以买到当天表演的门票。这段路走起来感觉很快。

在哥本哈根，一个行人沿着步行街，从新广场（Nytorv）出发，途径约克路（York Passage），就会看到教堂庭院中古老的大树，之后来到 Helligaands Kirke 大街，再走到阿迈厄广场（Amager Torv）。这段路程与威尼斯的步行距离相同，但却会感觉稍短一些。

在华盛顿特区，从国家档案馆出发，沿着宾夕法尼亚大道，一直走到旧邮局，这段路程就相当于在威尼斯步行的距离，但却感觉短得多。

多伦多的一个老街区，在小巷中步行的距离同威尼斯的步行距离是相同的。由安大略和杰拉德（Gerrard）街出发，一直走到米兰巷（Milan Lane）的尽头。在这条路线上，因为沿着住宅后面的车库和院子可以看到很多东西，所以它感觉上与威尼斯的步行距离是一样的。

日本京都是一座古老的城市，始建于 1200 年前，由 Aya-no Koji 大街出发，转向一条古老的南北向的干道，名为东欣西路（West Side of Tohin），途径 Aya Wishi 儿童游乐场，转向进入 Bukkõ-ji 大街，直到接近于须贺部长府邸附近神社的入口处。这段步行路程，感觉上比威尼斯的那段路还要长一些。

令我大为惊讶的是，在威尼斯漫步的距离，同穿过罗马纳沃纳广场（Piazza Navona）的距离是相同的。虽然我自认为对这个地区非常熟悉，但我还是低估了它的尺度，以为只需要威尼斯一半的时间就可以穿越；但事实上，穿过这座广场确实需要 4 分钟的时间。

这一系列图片显示沿着台阶向下，顺着波特澈街（Calle Boteche），一条又短又窄的街道向右转弯（其中跳过了下一条小巷的一段）

这些图片再次以卡佩拉街（Calle Cappeler）的一角作为起点；行人转向右侧——在看到广场之前——就通过充足的光线感受到已经接近露天广场了。在Campiello del Squelin 广场上，双排的行道树标志着一条道路沿对角线方向穿越广场，在广场的一角有一家书店，旁边是福斯卡里大街（Calle Foscari）

当我将威尼斯步行的距离描绘在伦敦特拉法加广场的时候，我就更加惊讶了。从接近于海军部拱门的一个地点出发，途径加拿大公馆、文丘里（Venturi）公馆以及布朗（Brown）公馆，走到国家美术馆，再到圣马丁（St. Martin）学院。这一次漫步的距离显得比之前的都更远一些。

在巴黎，从美丽的对称形广场圣凯瑟琳广场（Place du Marché St. Catherine）步行出发，走过圣安托万大街（Rue Saint Antoine），右转到加伦特大街（Rue de Jarente），左转到图伦纳大街（Rue Turenne），之后再右转进入孚日广场（Place des Vosges），著名的路易十三（Louis XIII）雕像就矗立在广场的中央。巴黎的这段步行距离感觉似乎比威尼斯的距离还要长。

巴塞罗那的步行距离与威尼斯是相同的。从里尔广场（Plaza Reial）开始，沿着著名的兰布拉斯大道向前走，差不多走到圣约瑟夫市场（Sant Joseph Market）的位置，这段路程距离兰布拉斯大道的最北端——加泰罗尼亚广场（Plaza de Cataluña）——还不到一半的距离。兰布拉斯大道比我记忆中的要更长一些。我原以为依照威尼斯步行的距离，应该可以走到加泰罗尼亚广场的。

为了要完成与威尼斯相同的步行距离，加利福尼亚州奥兰治县的一名业主可能需要沿着环绕社区布置的街道走半圈多一点，这条路走起来比预想的要短得多。

加利福尼亚州帕洛·阿尔托市斯坦福购物中心，在那里购物的人可能会从诺德斯特罗姆（Nordstrom）百货公司开始，走不了多远就能达到在威尼斯步行的距离。

在物质世界中，对时间进行具体化的思考，可能会让我们大多数人都感到困惑。即便是一些经验非常丰富的城市设计师也会感到惊讶，因为他们无法抓住那些导致一段路程比另一段路程显得更长或更短的因素。

我并没有什么答案可以解释引起时间知觉改变的所有变量，但是，在著名哲学家威廉·詹姆斯（William James）[4]的著作中，我发现了一些很有趣的线索："我们的心脏搏动，我们的呼吸，我们注意力的跳跃，词汇或语句的片段穿过我们的脑海，这些都是人类模糊的东西"，威廉·詹姆斯和其他一些学者就将这些东西称为一般意识的朦胧状态。所有这些元素都与节奏有一定的关系。即使我们试图让自己的头脑放空，比如说闭上眼睛站着一动也不动，却"仍然会有某种形式的变化过程能够让我们感受到，这种感受是无法驱散的。感受到变化，这就是我们感知到时间流动的条件。"但我们没有理由相信一个人坐在那里一动不动，什么也看不见，就足以让他感受到变化。"变化，必须是某种具体的东西。"

行人通过重复的元素之间富有节奏感的间隔来判断他们行走的距离。在威尼斯的步行路线中，就有频繁而又不同类型的节奏间隔。而在其他环境中所产生的空间类型比较少，可视化信息对行人造成的影响也没有那么频繁。在威尼斯，我们用了39幅不等间隔的画面解释这4分钟的步行路线；而要解释其他一些城市的漫步，只需要少得多的画面就可以做到了。统觉和认知的连续运作，影响了一个人对时间的感觉。威尼斯的步行过程中需要经历好几次的转弯——穿过两座广场，途径几条狭窄的巷

沿着福斯卡里大街（Calle Foscari），右侧是一面有3层楼高的围墙，里面是卡福斯卡里（Ca' Foscari）的花园；宫殿本身面对大运河。人行道与大运河平行，位于面朝运河的物业后方

弄，越过三座桥，附近还有若干条水渠。行人接连感受到变化，并对自己了解到的知识进行调整——比如说，有关于桥梁的知识。但是，詹姆斯警告称，这种观察太过于粗略。"在我们连续的感觉之外，还有另一种连续的感觉，我们应该将其视为另外一种事实，需要针对它进行专门的说明。"走过威尼斯之后，你可能还会去梅斯特（Mestre）走一走，那里是大陆地区最近的城镇。或者，就像在这里所介绍的，将威尼斯的漫步同其他城市相对比，比如说旧金山、纽约或京都这些遥远的地方——这样的对比无论是在时间上还是空间上，都需要思维极速的跳跃。即便在这些城市中的漫步对人们来说已经非常熟悉了，沿途的风景还是一定会被人们铭记于心；相较之下，读者朋友们仍然可以在这本书中看到描绘威尼斯的画面，而且可以再阅览一遍。在城市设计中，对节奏感的考量是很有价值的。实物的尺度以及这些实物在空间中的布局，会影响人们对于时间的感觉。因此，设计师通过在空间中布局物体、设置尺度、设计材质和纹理、选择颜色以及操纵光线，就可以产生非凡的能力，影响人们对于时间的感知。

第 8 章讨论了有关"移动视点"（moving focus）的表现，这是环境空间设计的一种工具。

行人看到阳光照射在巴尔博宫（Palazzo Balbo）旁边的一栋建筑物立面上，这栋建筑物位于一座大桥的另一侧，这座大桥有很多台阶，意味着它的跨度非常大。随着福斯卡里大桥（Ponte Foscari）"滑入"全景当中，左侧拐角处的建筑开始逐渐后退。站在大桥的阶梯上，一栋波洛（Polo）地区的标志性建筑映入眼帘：弗拉里教堂（Frari）的钟楼。从桥上向下眺望，行人会看到一条街道，这条街道按照威尼斯的标准建造得又宽又直。

站在福斯卡里大桥（Ponte Foscari）最高处，步行者再次获得了方位感。右边的风景再次显示了大运河（Grend Cand），比从圣巴纳巴桥（Ponte Sentaa Berneba）所见运河的距离更近，更宽阔，因为河道向东弯曲。但这些景象都没有显示在有限的照片取景中，取景一直向下延伸到卡拉拉加福斯卡里（Cella Larga Foscari）

然而，就这个问题来说，我想要回顾一下在 20 世纪 60 年代和 70 年代初进行的一些实验，利用移动的图像捕捉"从路上看到的风景"。

城市高速公路的建设使人们以更快的速度驾车穿过城市。这些高速公路有时与一般路面相平齐，但多数情况下高于一般街道。民众驾车从这些道路快速驶过，可以看到城市与风景，几乎不会有什么干扰。高速公路为城市树立了一种新的形象。人们需要对场所以及周遭环境进行重新认识，就这个问题来说，步行与驾车高速穿行是完全不同的。唐纳德·阿普尔亚德、凯文·林奇和理查德·迈耶（Richard Myer）在他们的著作《从路上看风景》（The View from the Road）中，进一步发展了最初用于林奇《城市意象》中的图形符号。透过汽车的挡风玻璃将开车的经过记录在胶片上，之后再以一定的速度进行慢动作回放，如此便在时间上浓缩了这种体验，使得沿途一些景观脱颖而出，通过桥梁与立交桥的间隔形成一种韵律感。专为本书绘制的一些图片，看起来就像是一本老式的手翻动画书（flicker book，一大沓人视图草图，阅读时用拇指从下到上快速地翻阅，就会产生动画的效果）。

回顾过去，在评估他们的符号系统时（还有一个在凯文·林奇的《城市意象》中所使用的类似的系统），作者认为他们的工作一直以来都给人留下了深刻的印象[5]；他们的卡通动画表现出了一个环境的基础结构，但是所传达的信息还是太少了，以至于无法展示出真正的

通过这四张图片，足以表现出卡拉·拉加·福斯卡里大街（Calla Larga Foscari）80 米的长度，在早些时候，这条街道比现在更窄，更蜿蜒，这段距离已经绘制了 14 张图片。行人在这条街上行走，眼看就像要走到尽头了，只有当另一个行人从一个狭窄的巷口走出来的时候，才能向人们展示出这条路是如何延续下去，进入狭窄的奥涅斯塔大街（Calle de la Dona Onesta）的

驾驶是什么样子。

技术上的进步还没有被应用到城市设计的表征当中。这个行业所使用的工具仍然是那些支持纸质印刷的工具。20世纪的新媒体——电影、电视和计算机——在20世纪70年代之前很少被用于设计媒体，尽管大家都了解它们对观众有着极大的吸引力。

在观看电影的过程中包含很多种体验：视觉的、动觉的、空间的、时间的和听觉的。当影片开始的时候，电影中的动作抓住了观众的眼球，他们不由自主地融入了电影，成为其中的一部分。物体从眼前经过，观众就可以识别出它们的方位。当观众观看了几个画面之后，他们就能够感受到电影中所描绘的空间，了解它的边界，并估算出一个物体与其他物体之间的距离。

彼得·卡姆尼策尔（Peter Kamnitzer）在早期的城市形态动画实验中使用了一台大型计算机，利用计算机生成的建筑体量制作了一段很短的模拟行车动画。[6] 尽管存在着明显的局限性，但是这个实验成果还是很吸引人的：（当时的技术）只能仿造10个实体，每个实体都是一个立方体，只不过在表面涂上了颜色。

1969年《环境政策法》（Environmental Policy Act）通过之后，美国政府为环境评估技术的基础研究提供了资金，其中就包括对视觉评估的完善，以便能让民众更好地理解。对环境问题的关注，被广泛地理解为对城市和景观

宽阔的福斯卡里大街（Calle Foscari）与狭窄的奥涅斯塔大街（Calle de la Dona Onesta）之间鲜明的对比，给人留下了深刻的印象。尽管长度只有福斯卡里大街的一半，但奥涅斯塔大街却显得更长。阳光从高耸的花园围墙上方投射下来；而更多的阳光则照射在一座桥上，那是一座铸铁桥，它在这个狭长空间的尽头映入眼帘。巷子中突然传来了走向这座桥的脚步声

视觉品质的关注。研究人员开始探索应该如何将值得保存的视觉世界的品质记录下来，以及如何评估提案的大型工程与规划项目所产生的视觉影响。

在美国国家科学基金会（National Science Foundation）的资助下，唐纳德·阿普尔亚德会同肯尼斯·克雷克心理学家（Kenneth Craik）[7]，在位于伯克利的加利福尼亚大学（University of California）分院组建了环境模拟实验室。在电影特效专家和一位光学工程师的协助下[8]，这个研究团队建立了街道、社区和城市的比例模型。之后，他们将一个由计算机控制的广角镜头安装在照相机上，把一个人走路或开车时以人视高所看到的景象都记录下来。接下来，他们又对模型进行了调整，展现出未来的建筑或是新的高速公路，再用照相机重复录制这段旅程，事实上，它所记录的就是一种未来的体验。[9]

在伯克利团队的第一个项目中，他们通过将利用模型拍摄的影片，与在旧金山北部马林县（Marin County）实地拍摄的影片进行对比，以评估模型的真实性。负责制作模型的工作人员制作了一个精准的微缩场景，其中包含高速公路、郊外的社区、购物中心、工业园区，以及延伸的乡村景观。实验室还聘请了一位年轻的电影制作人约翰·戴克斯特拉（John Dykstra），他曾与道格拉斯·特朗布尔（Douglas Trumbull）合作拍摄过电影《外星球之旅》

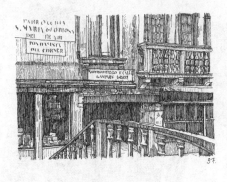

站在桥上，行人可以看到正前方的福尔努广场（Fondamente del Fornu）上有一家书店，甚至连书店陈列的图书封面都清晰可见。但是过不了多久，路线就向右转弯通向了福尔努广场，那里有一排漂亮的建筑，它们都面向着 Rio de la Frescada。这时，大运河又一次出现在画面当中，可是它看起来却出奇得遥远；它已经偏离了行人的直线路线。站在运河的大桥上，福斯卡里大街再次映入眼帘

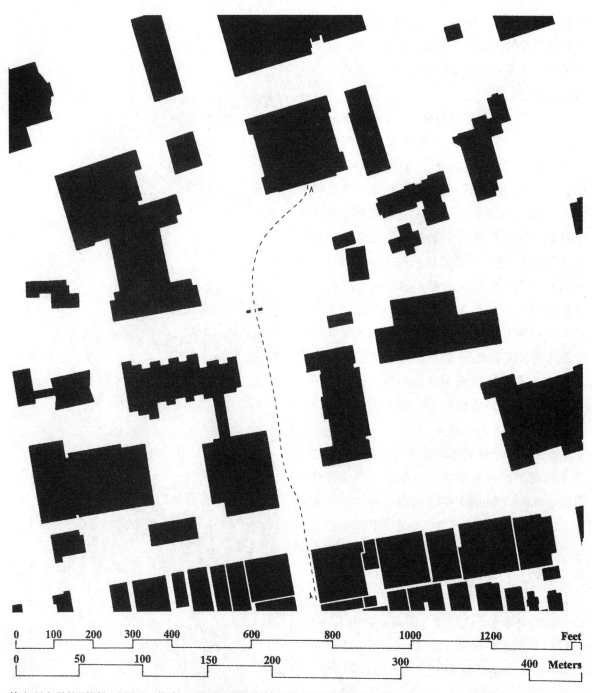

伯克利大学校园详细地图（1 英寸 = 200 英尺）。资料来源：加利福尼亚大学，1987 年

（Voyage to The Outer planet），以及与斯坦利·库布里克（Stanley Kubrick）合作拍摄过电影《2001：太空漫游》（2001：A Space Odyssey）。戴克斯特拉制作了一段影片，模拟在模型场景中驾驶的效果。1972 年的电影特效行业还没有像今天那么普及。在一个模型场景中连续驾驶，不仅需要一个可靠的运动控制系统，还需要一位在模型场景中模拟现实照明的专业技术人员。那个时候，计算机模拟应用尚处于起步阶段。这个研究团队是历史上第一次将一台大

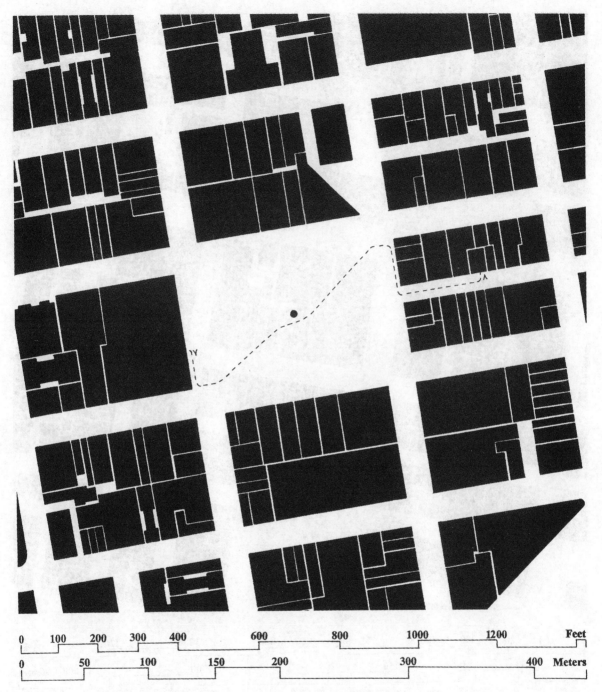

旧金山小商业区详细地图（1英寸＝200英尺）。资料来源：旧金山市城市规划部门，1983年

型计算机同摄像机快门，以及一台大型桥式吊车连接在一起的团队。[10] 尽管技术人员已经成功地演示了如何录制这样的视频，但主要的问题是，观看这部影片的观众是否真的能感受到类似于在真实环境中步行或开车的体验。这项实验的主要目的，就是要证明观众无论是观看模拟场景的影片还是真实世界的现状，都会得到同样的观察结果。

起初，制片人倾向于遵循电影的拍摄惯例，通过一辆想象中的汽车虚拟的挡风玻璃记

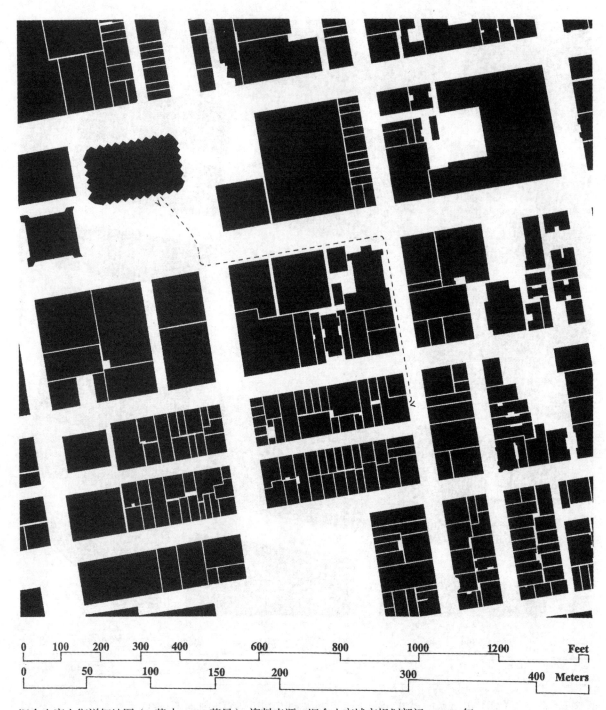

旧金山唐人街详细地图（1英寸＝200英尺）。资料来源：旧金山市城市规划部门，1983年

录正前方的景象，再沿着行驶路线切换到侧面的景象，之后再返回到正前方的景象。通过这样的技术，当所有移动的景象都被记录下来之后，制片人就可以在办公桌上完成影片后期制作了。穿过模型场景，将连续的、一路前行的驾驶体验记录下来是有可能做到的，但这样的影片真的就会比左右转换镜头的影片更加客观真实吗？

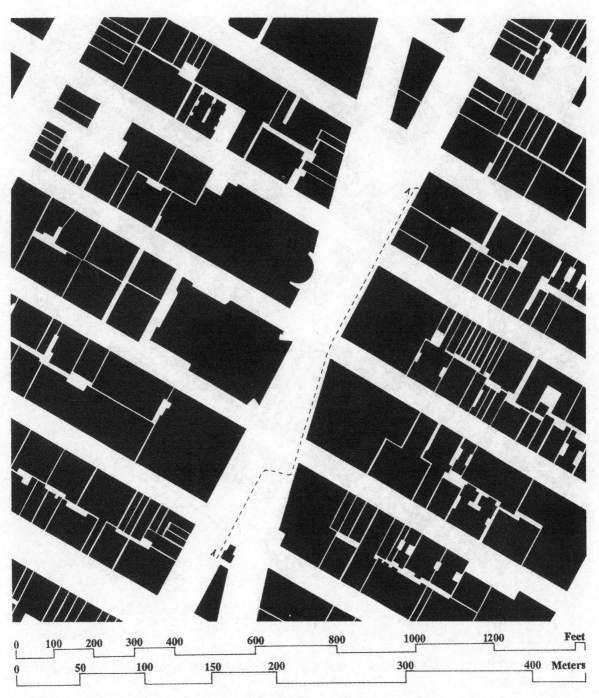

| 0 | 100 | 200 | 300 | 400 | | 600 | | 800 | | 1000 | | 1200 | | Feet |
| 0 | | 50 | | 100 | | 150 | | 200 | | | 300 | | | 400 | Meters |

纽约时代广场地图（1 英寸＝200 英尺）。资料来源：纽约市城市规划部门，1982 年

    当伯克利的研究团队开始进行这项实验的时候，电影媒体已经有半个多世纪的历史了。从电影刚出现的时候开始，电影人就已经区别了客观与主观拍摄记录之间的差别。电影摄影师说，在客观的拍摄模式下，摄影机除了移动之外，还扮演着观察者的角色，要选择具有代表性的镜头。[11] 对于电影史学家们来说，主观模式的拍摄记录有一个经典的例子，那就是莫

哥本哈根主要步行街地图（1英寸＝200英尺）。资料来源：哥本哈根总体规划部门，1989年由艾伦·雅各布斯（Allan Jacobs）重新绘制

诺（F. W. Murnau）在1925年拍摄的无声电影《笑到最后》（Last Laugh）。在这部影片里，镜头通过一个看门人的眼睛来看周围的世界，这名看门人是由埃米尔·詹宁斯（Emil Jannings）扮演的。摄像机从下降的电梯里出来，穿过大厅，走过街道，进入建筑物，就像是一个活生生的人。观众被带入了看门人的世界。"摄影机实际上就变成了他的眼睛，在这种情况下，我们说摄影机是主观的。"[12] 这正是伯克利研究团队所要追求的目标：他们希望，他们的电

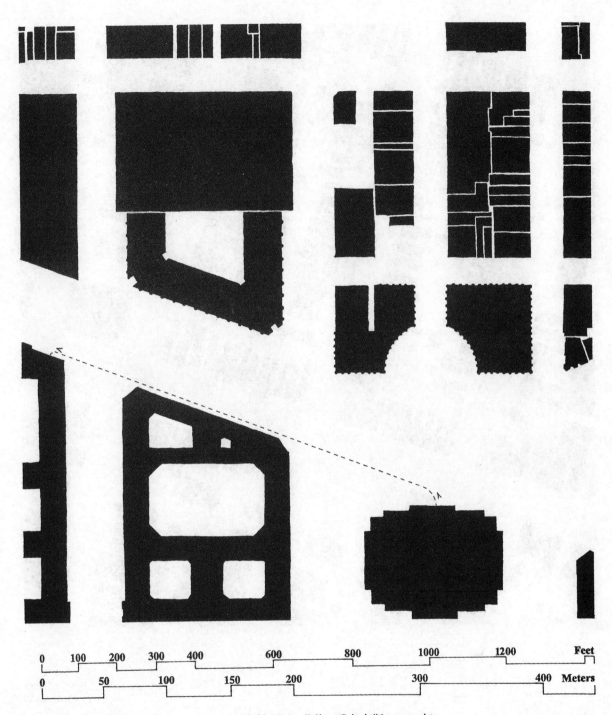

华盛顿特区详细地图（1英寸＝200英尺）。资料来源：艾伦·雅各布斯，1989年

影能够将一个人开车经过所看到的场景全都真实准确地记录下来。

研究团队决定用一个连续的动作拍摄这部影片。[13] 但是，在使用连续拍摄技术的过程中，团队遇到了一个棘手的问题，这个问题也是所有试图利用媒体捕捉人眼所能看到的东西时都会遇到的问题——摄影机的视角太窄了。当读者将描绘威尼斯漫步的各个图片拼接在一起的

| 0 | 100 | 200 | 300 | 400 | 600 | 800 | 1000 | 1200 | Feet |
| 0 | | 50 | 100 | 150 | 200 | | 300 | 400 | Meters |

多伦多详细地图（1英寸＝200英尺）。资料来源：多伦多市公共工程部门，1990年

时候，也会遇到同样的问题：任何有框的视图，无论是静止的还是动态的，都会将人眼的周边视觉所能获得的信息遗失掉，而这些信息的存在有可能将人的注意力吸引到左右两侧。

在拍摄模型之前，研究团队还进行了一项实验，他们制作了一部影片，即在现实世界中利用摄影机同样在行驶的过程中拍摄经过的场景，摄影机被安装在车内，面朝正前方。

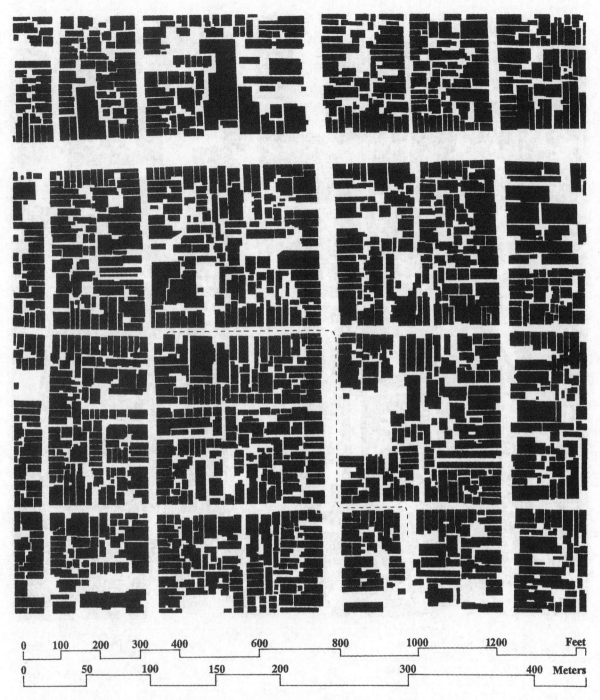

| 0 | 100 | 200 | 300 | 400 | | 600 | | 800 | | 1000 | | 1200 | | Feet |

| 0 | | 50 | | 100 | | 150 | | 200 | | | 300 | | | 400 | Meters |

日本京都详细地图（1英寸＝200英尺）。资料来源：京都市规划部门，1985年

令人感到不安的是，当影片开始播放的时候，观众会感觉汽车行驶的速度似乎比实际要快得多；当它接近转弯的时候，行驶方向的变换实在是太突然了。观看这部影片的一些观众觉得自己失去了平衡，甚至出现了晕车的感觉，这就是因为摄影机的视野较人眼狭窄，因此他们无法看到周遭的景物。在这种状况下，观众就丧失了对速度精准的感觉。此外，

罗马历史街区详细地图（1 英寸 = 200 英尺）。资料来源：罗马城历史中心地图，1985 年；由艾伦·雅各布斯重新绘制

周边视觉还有助于个体确定自己的方向。举例来说，司机想要改变行驶方向，他可以在真正转动汽车方向盘之前，先将头转向新的方向。这就是制片人在第二段影片中所做的。

在司机真正转动方向盘之前，他们就把摄影机转向了新的方向。他们将这一过程称为"预期转弯"（anticipating a turn）；如今这个术语已经成为了一个行业标准。[14]

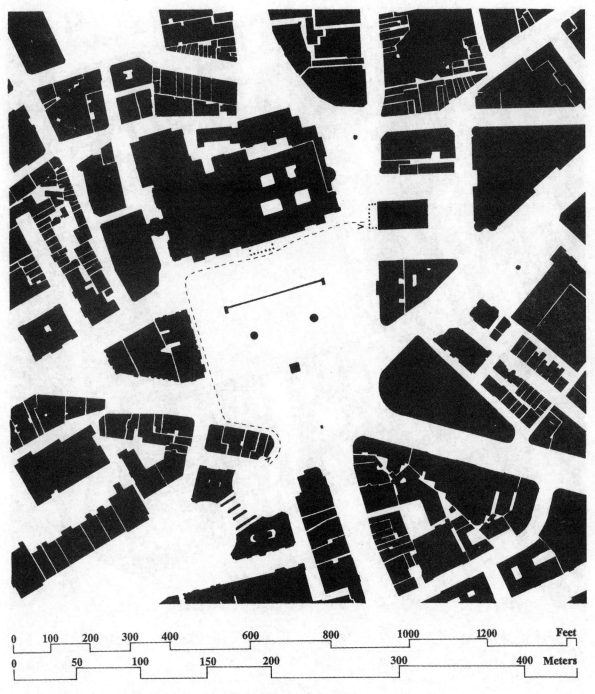

伦敦详细地图（1英寸＝200英尺）。资料来源：伦敦市地形测量局

接下来，研究团队开始在模拟场景中重新创建现实世界中的驾驶体验。技术人员编写了一套计算机程序，计算出在模型场景中穿行所经过的所有点的坐标值。之后，再利用计算机控制一台大型的起重机架，并在这台机架上安装了广角镜头和摄影机。当一段影片拍摄结束之后，计算机就会将摄影机的所在位置记录下来，以便第二天再依相同位置接着拍摄下一段

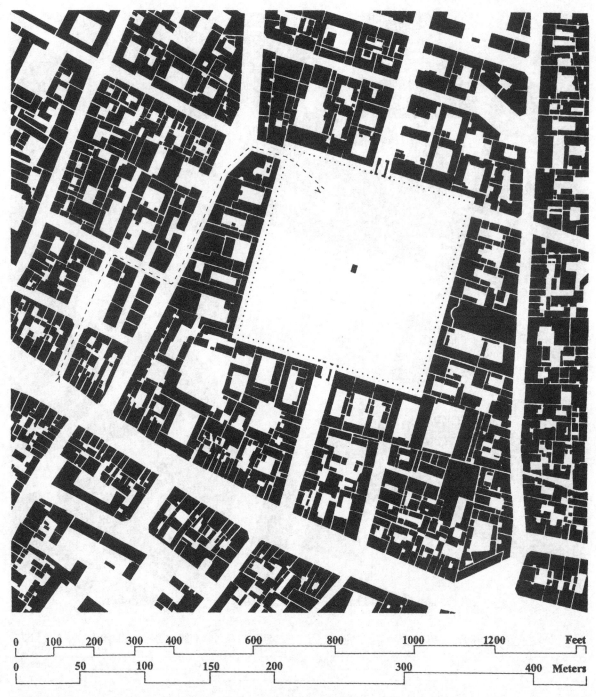

巴黎玛莱区（Marais）地图（1英寸＝200英尺）。资料来源：巴黎地区地图，1969年版

影片。为了能使不同的拍摄片段尽可能连贯，通过计算机程序设置了足够长的重叠拍摄时间，这样，在进行后期制作时，就可以将这两个片段连贯地剪接在一起。大多数情况下，电影放映时片段之间的转换是不容易被觉察的。

经过一年的反复试验，研究团队制作出了最终版的影片。他们随机挑选了由200人组成的调查小组进行评估。调查结果显示，观众们

巴塞罗那详细地图（1英寸＝200英尺）。资料来源：巴塞罗那 Corporacio Metropolitana，1983 年

能够理解他们所看到的影片，并且认为在影片中这22分钟的车程看起来是很真实的。接下来，这群受访者又被划分为更小的群组：第一组通过模型世界观看这段模拟的旅程；第二组通过实际的环境观看这段旅游的影片；而第三组则乘坐面包车真的穿过这个地区。对这三种展示模式，人们反应之间的相关性是很高的。

每一组志愿者都被要求对他们所看到的环

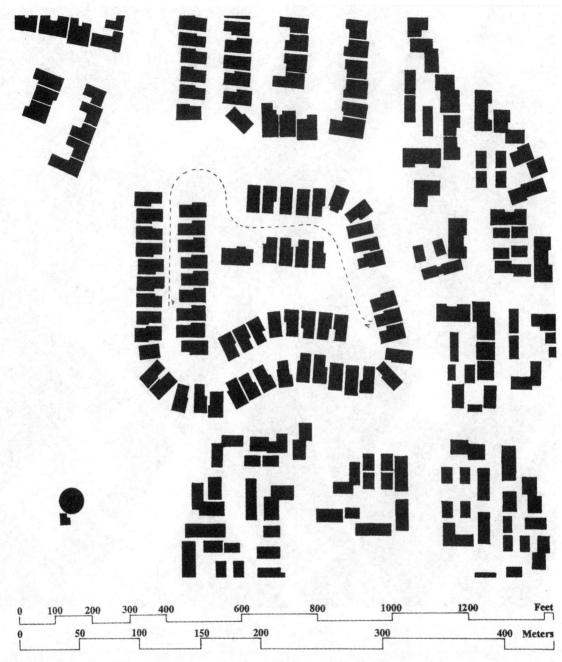

| 0 | 100 | 200 | 300 | 400 | 600 | 800 | 1000 | 1200 | Feet |
| 0 | 50 | 100 | 150 | 200 | 300 | 400 | Meters |

加利福尼亚州奥兰治县（Orange County）拉古纳·尼古埃尔市（Laguna Niguel）一个封闭式社区的地图（1英寸＝200英尺）。资料来源：取自1981年航拍图，罗伯特·J·隆（Robert J. Lung）及其同事

境品质进行排名。观看虚拟世界的那一组观众对购物场所、专业办公、学校以及房屋的转售价格都给予了很高的评价。他们指出，这个社区所缺少的是：社区的精神、适宜儿童玩耍的场所、邻里间的互访、便捷的公共交通，以及

居民年龄、社会地位和生活方式的多样性。这些反应，与那些观看真实世界影片的志愿者，以及亲身体验真实世界的志愿者们所给出的回馈都是密切相关的。

研究人员要求这三组志愿者分别画出行驶

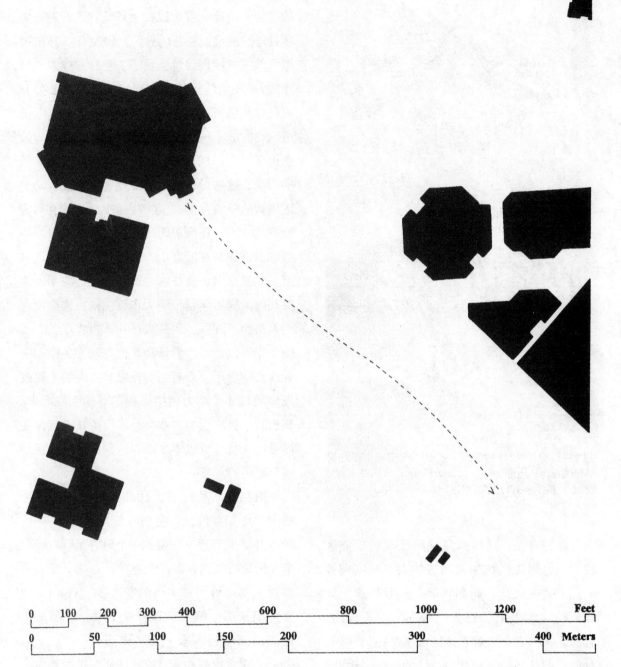

加利福尼亚州帕洛·阿尔托（Palo Alto）的斯坦福购物中心（Stanford Shopping Center）地图（1 英寸＝200 英尺）。
资料来源：帕洛·阿尔托市斯坦福购物中心，1994 年

路线的草图，接受识别测试，并勾选描述这个地方的形容词，通过这样的方式，认知的准确性就得到了检验。在观看影片的两组人当中，很少有人能够画出该地区正确的地图，而亲自乘车参观过该区域的人却能轻而易举地勾勒出来。

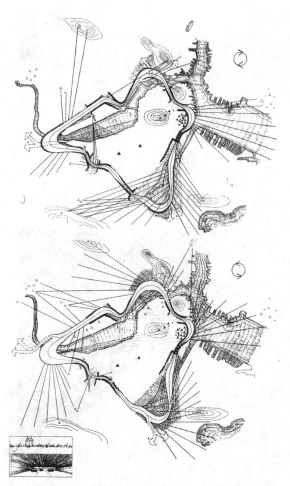

空间 – 运动与视图，引自唐纳德·阿普尔亚德、凯文·林奇和理查德·迈耶（Richard Myer）所著《从路上看风景》（剑桥：麻省理工学院出版社，1964 年）

总的来说，那些本身就居住在被研究区域，或是对该区域非常熟悉的人，对这三种表现方式的反应，同那些第一次看到这个区域，或只是对该区域稍有了解的人是不同的。居民 – 参与者个人对于该区域所掌握的知识，对他们的认知能力具有主导性的影响。由此，研究团队得出的结论是，观看模型的模拟影片，同在真实世界中对一个环境的初次体验是基本类似的。[15]

影片在验证研究中获得了成功，很显然，团队需要开展下一步的研究工作了。处于提案

阶段的开发项目现在可以被放到模型当中，并通过拍摄影片展示它们会对环境产生出什么样的改变。由此，就可以在大环境背景下对开发项目进行准确而明智的分析。1974 年，环境模拟实验室开始向设计人员、工程师和规划人员开放，"环境政策法案"要求他们向社会公开项目对环境所造成的影响。这些专业技术人员可以在实验室进行中立而准确的分析，并向公众披露其分析的结果。[16] 然而，实际情况与预期相反，这些设计与规划专业人员并没有马上运用新的模型技术。[17] 直到 1979 年，伯克利实验室的技术才逐渐被运用到一些重要的规划项目中，首先是在旧金山，之后又扩展到其他城市。究其原因，新技术之所以被延后应用，主要是因为成本问题：绝大多数规划机构都没有能力负担工程师、制片人、计算机程序员、模型制作者以及城市设计师在伯克利筹备模拟场景的高额费用。只有那些规模非常大的工程或规划项目才有能力负担模拟场景的巨额成本。要想获得更广泛的专业兴趣，模拟技术就需要尽量简化与降低成本；而要达到这样的目标是需要时间的。

伯克利实验之后，计算机技术在仿真领域变得更加普及，可是成本却并没有降下来。1978 年，麻省理工学院的一个研究团队将一台个人计算机同两台影碟机连接在一起。光盘中将驾车穿越科罗拉多州阿斯彭镇（Aspen）的数字记录都一帧一帧地存储下来。该团队为他们的这项技术取名为"电影地图"（movie map）。观看视频的人可以在阿斯彭镇的任何一条街道上模拟驾驶，当走到十字路口的时候，只需要触摸显示器上的菜单便可以实现向任何方向转弯。计算机将会在第二台影碟机中检索到使用者所选择的路段位置，并且持续播放这张光盘中的内容，直到使用者需要再次变换方

向，方法仍然是触摸显示器上的菜单。[18]

这种模拟技术是用来绘制城市地图的工具，而不是用来模拟当时还不存在的环境。然而，到了1991年，设计专业人员已经可以利用计算机技术制作整个城市的景观了。[19]

制作计算机动画，首先要做的就是定义空间中的对象。技术人员在商用计算机程序的辅助下，将提案的建筑物绘制出来，这些程序还可以提供用来描述新建筑造型与方位的三维数据。拟建项目所在地周遭的建筑物之前可能都是以传统地图的形式表现的，现在这些资料也都被转换成了计算机数据。三维计算机模型既可以定义既有的建筑，也可以定义未来建筑的造型与准确位置。一旦模型制作完成，就会选择一条路径，可能是步行路径，也可能是行车路径，这个过程类似于确定摄影机位置的过程，并且选择在什么地方转弯、停车或环顾四周。当摄影机的路径与关键帧的位置在三维空间中确定下来之后，计算机就可以计算出这段路径，从一个点到另一个点之间，建筑物有哪些面是可见的，又有哪些面是被遮挡住的。对计算机来说，完成这些计算是非常耗时的，因为每一帧画面都要对所有对象的角度进行检测。

计算机还模拟了场景的照明，计算了太阳的照射角度，以确定观察者可以接受到多少光线照射，以及对象的表面如何对光线进行吸收或反射。同样，要确定每个表面的光照强度也需要大量的计算。最后，还要以真实的颜色与质感对物体的表面进行渲染。计算机操作人员备有一套"材质库"，可以将这些材质贴到墙面、地面和环境景观的表面。整个建筑立面，无论有没有窗户，都是以这种方式进行渲染的。在所有的步骤当中，这一步是最需要娴熟技巧与明智判断的。"然而，大多数计算机工作站制作的图片品质还是有限的。人们很容易就能够

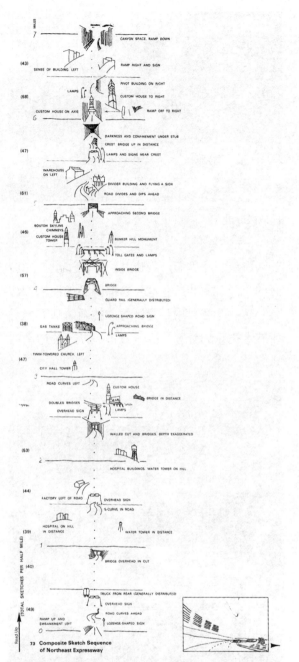

合成草图序列，引自唐纳德·阿普尔亚德、凯文·林奇和理查德·迈耶著《从路上看风景》（剑桥：麻省理工学院出版社，1964年）

看出哪些图片是计算机生成的，因为在各个对象之间缺乏相互反射的效果。"[20] 更重要的是，模拟的世界看起来就像是全新的、卡通的世界。日常街景黯淡无光，同样，汽车、行人、临时

模拟摄影机

公共设施、招牌和广告也都没有现实世界中应有的光泽，除非所有这一切都要经过仔细的渲染。在一个场景中穿行，每一帧画面都需要对所有数据重新计算一次——每一秒钟的运动就

比例仿真模型（图片应由下至上观看）

需要包含 30 帧的画面。

计算机科学的研究人员已经在如何实现逼真的光照效果问题上投入了大量的精力，同时也开发了必要的数学算法，以减少每一帧运动画面所需要的运算量。但是，要实现使渲染效果看起来尽可能逼真的目标，并不是简单地依靠数学就能够达成的。即使使用了计算机，逼真的渲染仍然是一门手艺。此外，倘若渲染出来的画面没有真实感，那么仿真软件就无法确定观众对渲染画面的判断与理解与他们对真实世界体验的判断与理解是否相同。失去了真实感，模拟也就失去了存在的意义。

为了能更好地将城市的形态表现出来，人们开始探寻新的图像技术，而这就需要将专业研究的范围拓展到城市设计之外的领域。这样的做法带来了一个后果，那就是懂技术的人和不懂技术的人之间产生了隔阂。除了专业人士以外，很少会有人了解三维数据如何存档、如何解释，或是建模的假设与惯例会对设计的表现产生怎样的影响。此外，几乎没有什么人知道如何访问使用的数据，以查证模拟的准确性。

早期那些致力于改善城市设计中可视通信的研究者们，他们既有精神上的考量，同时也有美学上的诉求。他们希望能使其他人认识到，良好的城市形态中要包含以下这些要素：容易辨认、舒适、经济、可选择、便利可达、公平，以及很多在自然环境中值得体验的更有价值的特质。他们不满足于传统的媒体，因为它们并不能传达出人们在拟建城市形态中会有怎样的体验。

其他一些研究人员认为，一个在多元化社会中运作的职业，没有办法很好地使用自己独特的图像语言。城市设计的问题是关乎到整个社会的。好的专业表现可以开启设计评估的进程，并能大大提升设计专业人员的可信度。

决策，或是在委任工作的业主和项目执行者之间，针对与项目相关的成本和保密性等问题存在某种（不和谐的）特殊关系时，纪录影片的品质就会出现问题。

那些尝试改善表现品质的研究人员可能会倾向于相信，如果研究的时间太久，说明他们所寻找的东西并不是以某种纯粹的形式存在的。虽然迄今为止，研究人员还没有找到一种能够达成他们所期望的纪录影片准确度的表现形式，但他们仍然一直在努力探寻，使自己制作的图像尽可能具体、实在。本书的第二部分，介绍了同这种具体的图像，以及和纪录影片表现品质问题相关的拓展实验。

创建一个计算机模型来模拟变化。

由上至下；现状；线框模型；实体模型；完成的渲染模型

所有这些研究人员都必须关注他们所呈现的纪录影片的品质，而对品质产生影响的因素包括适用的工艺技术、成本、是否易于应用，以及最重要的——准备制作模拟影片的技术人员与雇佣他们工作的业主之间的关系。假如媒体选择不适当，花费了太久的时间都没有切中

计算机生成的动态视图序列（图片应由下至上观看）

质感和细部的计算机"材质库"

第二部分
实验室里的城市

人类无法承受太多的现实。

　　——艾略特（T.S. Eliot），《烧毁的诺顿》（Burnt Norton），1935 年

　　城市是由人类活动与自然力量共同塑造的产物。人类的价值观无论有多么复杂，都会推动一座城市发生物理变化。将一座城市带到实验室的想法具有一个先决条件，那就是将未来的变化建立起模型，并研究它们的影响是可能的。除了偶尔出现的突发性自然事件，城市的变化都是循序渐进的。该怎样描述呢？一栋结构体的建造需要经历几个月到一年的时间；而一座城市中各种各样的变化是在很多年，甚至几十年的时间里逐渐发展而成的。事实上，城市的改变基本上是不会停止的。要想将这种变化的过程表现出来，发现其模式并确认发展的趋势，就需要对时间进行压缩。但是，这样的表征会使城市变革的步伐变得戏剧化。而且，变革到底会不会沿着既定的路线一路进行下去，这是我们无法确定的。那些为了未来的需要进行选择的人们应该扪心自问，他们正在思考的是什么人的未来，应该代表的是什么人的未来。面对不同的未来选项，是谁在做选择？

　　通过这些难以回答的问题，我们认识到，对未来的变化进行预测与表现是存在着一些风险的。将极地冰帽的融化同全球气候暖化联系起来，要比想象曼哈顿的一条街道在冰帽融化时候被水淹没要容易得多。在很多人看来，百老汇被大水淹没变成了一条长长的运河，这应该属于虚幻小说里的情节。可能有人会说，对曼哈顿被淹没的担忧或许会推动某些必要的改变。但也有人认为，我们才刚刚认识到全球气候变暖的问题。对情况尚不够了解就急于预测结果，只会导致沿海城市慢慢沉入大海这样夸大其词的想象。

　　毫无疑问，那些描绘未来城市将会如何变化的人，他们既可能是改革的倡导者，同时也可能是现状的拥护者。他们可以表现得像做调查的记者一样，致力于挖掘真相，并写出好的新闻报道；也可以像诊断专家一样，对提交到他们手中的方案进行评估，但却把解释留给其他人。为城市建造一座诊断实验室，这就是筹建环境模拟实验室的构想，同时也是这间实验室在专业项目中所扮演的角色。

　　1987 年冬天，纽约市的公共电视观众获得了一个非同一般的机会，他们可以通过电视观看一部动画片，而这部动画片所讲述的是一个已经被讨论了几十年的规划项目。该影片由纽约州的官员资助，当时，他们正在大力推动在曼哈顿的西区兴建一条新的高速公路。通过这部影片，电视观众可以预先体验到两种未来的场景：其一是驾车沿着拟建的西区高速公路行驶，另一种则是沿着新的哈得孙河步道散步。这部影片让电视观众们感受到了该地区对阳光与天空的开放，感受到了哈得孙河的宽阔，以及曼哈顿的天际线和新泽西的美景。

　　这部影片让曼哈顿人回想起了一场关于曼哈顿西区开发的长期矛盾。早在 1974 年，在罗伯特·摩西（Robert Moses）的高架公路因为年久失修和缺乏维护而最终倒塌之前，兴建一条新的高速公路取代它的计划就一直饱受争议。20 年来，市政府和州政府一直都在为哈得孙河沿岸增设垃圾填埋场而相互争斗，同时加入战局的还有一些环境保护组织。州政府提议，要将哈得孙河部分填平，一直到防洪堤为终点——事实上，该做法可以将曼哈顿的面积扩大整整一个街区——以这样的方式使哈得孙河沿岸地区得到复兴，在过去，这里曾经活跃着数百艘横跨大西洋的客轮。该计划通过实施一个新的房地产项目，州政府将盈利的资金用

于修建名为"西部大道"的高速公路，以及进行大规模的商业开发。然而1986年，这个计划被当地的一个环境保护组织联盟否决了。

这部拍摄于1987年的影片向纽约市民介绍了州政府修订之后的计划，该计划中并没有涉及新的垃圾填埋场或是大型地产开发项目。影片在播放过程中，鼓励观众提出自己的疑问，并与州政府官员、设计师和社区团体一起参加电视辩论。从民众的反应中可以明显看出，由于兴建西部大道的长期争斗，很多纽约市民对州政府的意图存在着怀疑。对于那些居住在切尔西和西部村庄的居民们来说，修订之后的西部高速公路与先前提案的西部道路并没有什么明显的区别。他们仍然抱怨拟建道路有可能导致交通堵塞，并且反对设置任何通往切尔西和附近村庄的出（入）口匝道。州政府认为该地区缺乏垃圾填埋场和大规模房地产开发，但很多人对此持怀疑态度。他们提出疑问，政府是否会保持所有空间的开放，不要进行房地产开发，环境中是否会像影片所展示的那样拥有那么多美丽的景观。

在这段影片公开放映并安排辩论之前，州政府的官员们就提前观看了。由于之前的西部道路提案引发了相当激烈的辩论，因此政府这次将这段修订后的影片搬上银幕的目的，绝不是为了引发更激烈的公众辩论，而是为了安抚纽约市民的情绪，为修订后的没有增设垃圾填埋场的西部高速公路规划方案争取更多的支持。官员们提前观看，希望能够过滤掉任何可能会在观众脑海中引发争议的描述。[1]

大多数观众认为影片中播放的场景就像是他们自己驾车穿越曼哈顿西区时所看到的，于是不由自主地被吸引了。在这个场景中，当你看到一栋新的建筑物或结构体突然出现，改变了你所熟悉的画面时，你会感到惊讶，但很快，

这种惊讶的感觉就消失了。观众立刻对这个项目提出自己的疑问。有一位观众对这种通常只用于小说或广告的媒体方式感到质疑，他想知道这部作品的委托方是谁，以及这些场景是为谁而设的。这样的观众反映出的是对大多数城市设计与规划项目的敌对反应。在一个项目中，持不同意见的冲突各方很少会认为对方的信息或表述是中立的。他们都质疑谁会从中受益，这个项目由谁掌控。

自然环境属于公共财产。每一栋新建筑的兴建，以及大多数城市设计的方案，都或多或少会遭受一些阻力。改变物质环境的决定是在公众的监督之下做出的。非专业人士并不一定相信专业人士做出的判断。一些倡导团体成功地否决了很多知名建筑师的提案项目，他们的理由包括项目的规模、特色、风格以及对环境的影响。这样的争论一直都在。[2]

由于在表述拟建项目的相关信息时，各方利益团体只选择那些对自己有利的部分，因此辩论常常是扭曲的。反对派一味地挑选那些拟建项目的危害部分，试图说服决策机构和广大民众一起反对这项提案。同样，该项目的倡导者也只是挑选项目的优点进行表述。

下面几个章节的案例分析说明了环境模拟实验室在为开发项目提供信息方面如何发挥作用。基本的概念很简单：在资金条件许可的前提下，一座城市——或是一座城市中部分区域——的物理条件，可以在实验室中得到最真实的表述。这项工作最开始要做的，就是对街道和建筑物仔细拍照，并借用这些素材制作模拟的城市布景。最初，这些布景都是采用实体模型的形式，并将逼真的照片粘贴在模型的表面；最近，专业人员开始利用三维计算机模型表现建筑物量体的几何造型和街道的表面。通过扫描将建筑物的照片转化为计算机文件，并

将其"映射"在三维的建筑量体之上。然后，再以同样的真实感将提案设计的项目创建出来。各种替选方案都被展现出来，并且通常还会展示出项目随时间而逐渐产生的累计效应。最后，将提案项目逼真的人视图模型创建出来，并展示给民众。

案例分析跨越了 12 年之久；针对每一个项目的研究分析都得以记录并发表。时代广场和旧金山的项目最初是以影片的形式展出的，它们为展览策划委员会和媒体制作。时代广场项目的委托方是纽约市立艺术协会（Municipal Arts Society of New York），该协会是一个大力倡导城市保护的团体。还有其他一些项目，包括旧金山市中心区的规划，以及多伦多市规划，都是由当地政府委托的，类似于上文中所提到的西部高速公路项目。

对每一个案例分析，实验室都准备了大型、正式的展览，其中包含模型、地图以及计算机绘图等资料。后面的三个章节中所介绍的项目都是由很多人共同参与完成的。每个项目的顺利进行都得益于所有参与人员的共同讨论。大家的讨论一直都是围绕着精准性与可信性这两个主要课题进行的。

纽约西部高速公路，模拟场景

第4章
纽约时代广场

"全世界最著名的十字路口"，这是《纽约时报》的发行人阿道夫·奥克斯（Adolf Ochs）在说到百老汇和第七大道交叉路口时所用的描述。奥克斯在 1904 年收购了《纽约时报》之后，想要寻找一个新的营业处，于是以非常高昂的价格买下四十二街、百老汇和第七大道中间的那块三角地。这一地块周围迅速发展起越来越多的电影院和酒店，其中就包括奥斯卡·汉默斯坦（Oscar Hammerstein）旗下著名的奥林匹亚酒店（Olympia）。在这个地块上，奥克斯委托兴建了时代大厦，成为当时曼哈顿最高的建筑；很快，这栋建筑就变成了百老汇的地标。时代大厦地下的地铁站成为皇后区（Queens）和布朗克斯区（Bronx）之间的换乘站，人们搭乘地铁上班通勤，并经常会留在那里享受丰富多彩的夜生活。

1908 年 12 月 31 日，一个巨大的电光球第一次从时代大厦上落下，标志着新年的开始，而这个庆祝仪式一直延续到今天。[1]1928 年，"时代大厦"又增设了著名的"新闻跑马灯"（News Zipper），它是利用灯带在建筑物外立面上展示出来的在线新闻。不久之后，为了再现时代广场的快节奏以及绚烂多彩的夜生活，世界各地很多首都城市的报纸也都纷纷效仿这种做法，安装了类似的新闻显示板。在百老汇，灯光就意味着"不夜城"（Great White Way）。1908 年夏天，记者兼小说家西奥多·德莱塞（Theodore Dreiser）曾这样写道："灯光与色彩的绚烂，

引导着旁观的人们嚼着口香糖，喝着啤酒，观看戏剧或电影，仿佛干材烈火般的绚丽之光，将曼哈顿原本布满阴云的上空照得灯火通明。"这样自由和无穷无尽的场景，吸引着那些想要感受这座朝气蓬勃的城市脉动的人们纷纷来到这里。[2]

该地区主要的吸引力来自 30 多家活跃的剧院，其中有些剧院已经有 80 多年的历史——优雅的古老建筑，其设计的目的就是要将戏剧的氛围从舞台扩展到观众席，从大厅延伸到大街。这些剧院都是国家的瑰宝，几乎任何类型的作品都可以在这里上演。然而，剧院行业的兴旺是有周期性的，有些剧院现在一年大部分时间都是空置的。时代广场本身也发生了改变。到了 20 世纪 70 年代末和 80 年代，很多纽约人不再去那里了，因为在那段时期，那个地方只会令人们感到暗淡凄凉，使人们意识到纽约

时代广场，1985 年

这座城市存在着无数的社会问题。[3]

随着20世纪80年代剧院业务发展的逐渐放缓，影剧院业主们对于1982年通过的"市中心区规划管制修订案"（midtown planning control revisions）表现出了极大的支持，该修订案提议，要将高层办公区扩大到第六大道以西的范围，其中就包含了时代广场的娱乐区。位于第六大道和第八大道之间街区的地产，很快就变成了价格高昂的写字楼。

1982年通过的"市中心区规划管制修订案"，为百老汇和第七大道（位于第四十二街和第五十三街之间）沿线的20多处地块提供了额外的建筑面积许可。这些基地的所有者可以"依据法规许可"（as of right）建造50层的办公大楼，也就是说，没有分区豁免。这些新的规划控制条例还规定，假如一栋新建筑将一座历史悠久的剧院合并入其结构体当中，那么这栋新建筑就可以额外获得一些建筑面积许可作为奖励。此外，业主还可以向时代广场上任何一家剧院购买"占有土地上空权"（air rights）的转让权。业主可以将购买来的"上空权"增加到"法规许可"面积当中，再加上剧院的修复奖励，这样，新建结构体的高度就可以达到70层。

这些控制条例的支持者们认为，设立剧院修复奖励机制以及允许区域内上空权的转

根据1982年市中心区规划管制修订案，时代广场可能进行的改建工程。从左至右：首先，从位于第四十五大街的万豪酒店（Marriott Hotel）向北眺望第七大道的模拟景观，其开发状况如图所示；第二，"依据法规"许可的建筑量体；第三，"依据法规"许可的建筑量体，加上作为修复剧院奖励的额外许可的楼层数；第四，"依据法规"许可的建筑量体，加上作为修复剧院奖励的额外许可的楼层数，再加上"占有土地上空权"（所有时代广场剧院上方未使用的楼层空间）的转让

让，将会为剧院的保存提供经济上的诱因。他们还认为，新的建筑将会带来白领工人，反过来，这些白领工人的到来又会促使这一区域得到进一步的振兴。而新控制条例的反对者们却对以上两点论述持怀疑态度，他们也有很充分的理由。1982年初，时代广场五家很著名的剧院——海伦·海斯剧院（the Helen Hayes）、摩洛斯科剧院（the Morosco）、阿斯特剧院（the Astor）、比尤剧院（the Bijou）和欢乐剧院（the Gaiety）——都被拆除了，为的是给位于第四十五街和百老汇交口的新马奎斯·波特曼万豪酒店（Portman Marriott Marquis Hotel）腾出空间。1973年，当这家酒店的企划案被提交上来时，曾被誉为是纽约时代广场重建计划的关键一步。但是，当这个项目在20世纪80年代中期竣工的时候，却并没有将百老汇的行人与马奎斯剧院内的活动联系起来。相反，酒店内部很多楼层的大厅都转向了内部，只在三楼大

厅设置了通往新剧院的唯一通道。此外，相较于被其取代的五家著名的剧院，新剧院的装修水平实在是不可比拟。

波特曼和其他的重建项目一样——在百老汇1515号，用一栋黑暗的办公大楼取代了原来的阿斯特酒店（Astor Hotel），或是在百老汇1500号，以一栋外观不祥的百老汇大厦（Broadway Tower）取代了原来的克拉里奇酒店（Claridge Hotel）——这样做的目的是要移除"不合乎需要"的元素，并为该地区"注入新的生命"。但是，新建的摩天大楼并没有解决任何社会问题。《纽约时报》的建筑评论家保罗·戈德伯格（Paul Goldberger）这样写道，"广告业的主管和律师团会在中午来到这里，可并没有让这个地方变得像从前的夜晚那样迷人与安全。"[4]

在20世纪80年代中期，重建也是纽约州四十二街再开发项目的主题。在这里，时代广场的南部边缘有五座新的办公大楼——被称为四十二街之城——计划在这里兴建，原有的八座剧院将被夷为平地。这些剧院虽然已经破败不堪，但其中却包含了纽约市一些最古老的剧院，它们的历史甚至可以追溯到世纪之交以前，比如Lyric剧院、维多利剧院（the Victory），以及最为壮丽辉煌的新阿姆斯特丹剧院（the New Amsterdam）。

10年之后，20世纪90年代，从财政的角度来看，大型办公建筑似乎已经不再适合该州的再开发计划；这个地区的建筑已经够多了，足以吸收当前以及未来可预见的对办公空间的需求。1995年，迪士尼公司收购了新阿姆斯特丹剧院，并对其进行了改造，表演流行音乐动画电影。翻新后的维多利剧院将于1995年12月开放，而Lyric剧院和阿波罗剧院也将会相继开放。然而就在10年前，戏剧行业的前景似乎还是一片暗淡。

演艺人员、制片人以及来自西区和东区的保护主义者和社区团体都对将旧的剧院同新建办公大楼整合在一起这种做法提出了质疑。在为波特曼项目拆除了五家剧院之后，一个名为"拯救剧院"（Save the Theaters）的组织要求，所有剩余的百老汇剧院都必须被指定为地标性建筑（事实上，只有五家剧院被指定为地标性建筑）。[5]在这个倡导团体的推动下，评估委员会要求进行一次综合全面的区域规划，并任命了一个剧院顾问委员会专门负责研究这个问题。该委员会主张，将45家剧院列为地标性建筑，而这一主张引起了巨大的争议。所有大型剧院的老板都坚决反对将"产业地标化"（landmarking of an industry）。[6]舒伯特集团（Schubert Organization）主席杰拉尔德·舍恩菲尔德（Gerald Schoenfeld）认为，在"法规许可"的基础上应该发放奖励与开放转让许可，而不应该由市政府自行决定。在一场关于剧院区市中心规划控制的听证会上，舍恩菲尔德被问到，他是否能想象时代广场被70层的办公楼包围的景象。他回答说，如果这样一种未来的景象能够拯救剧院的话，那么他就不会感到不安。

想要更好地集中讨论时代广场的相关问题，就需要有一个模型。市立艺术协会接受了委托，在1985年秋天召开公众听证会之前，制作一个时代广场区域的模型。[7]这个模型长约16英尺（4.88米），按照缩小的比例建造了沿第七大道和百老汇四十二大街与五十三大街分布的每一栋建筑物，以及标志、广告牌、汽车、人、雕像，还有围绕在达菲广场（Duffy Square）售票亭周围的树木。该想法就是尽可能真实地模拟出各种备选方案，这样纽约市民才能理解每一项提案将会对城市环境产生怎样的影响。

第一项工作，就是对每一栋建筑物进行仔细的拍照记录。为了确保足够的精准度，

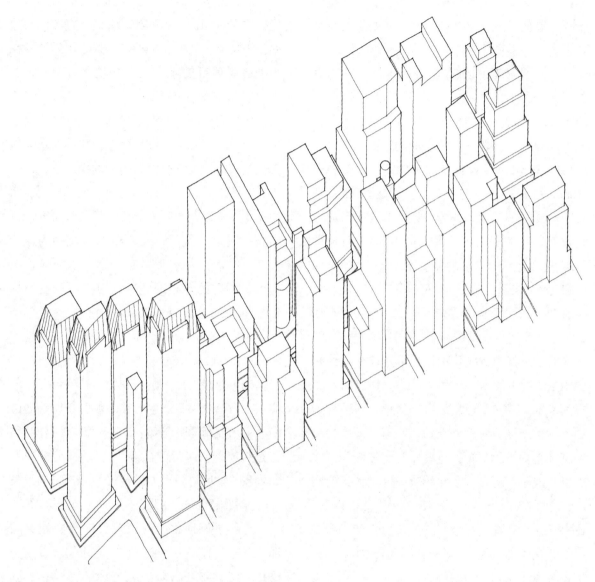

时代广场，展示了在1982年市中心区规划控制下的发展潜力

他们使用了透视校正镜头。拍摄的时候，相机与建筑物的立面保持平行，这样就能够取得所需要的前视图。当按照模型的比例（16英尺＝1英寸）将照片打印出来，并安装在硬纸板上的时候，通过照片重现的建筑物立面看起来就像是既有建筑精确尺度的复制品。大型广告牌和标志也都是运用同样的技术拍摄与组装的。[8]

根据市立艺术协会的一名房地产顾问的评估，在1982年的市中心规划控制下，时代广场地区总共有20个可以开发的地块在考虑进行新的建设。为了避免时代广场改建的潜力被过分夸大，环境模拟实验室的研究团队最终只选择了其中的12个地块。近期在市中心区建造的高层建筑，以及围绕在时代广场周边的既有建筑，都以同样的方式进行了拍摄，并制作了大型模型，以模拟在 1982 年规划控制下的发展潜力。

　　新建筑被循序渐进地放置于模型中，展示随着时间的推移而产生的开发机会。当模型增添三栋新建筑时，百老汇的景观开始变得有些像东边一个街区的第六大道。当所有 12 栋被选中建模的新项目都添加到模型中时，结果非常令人震惊。《纽约时报》的建筑评论家在看到这个模型之后写道，"时代广场会变成大峡谷吗？"——在 1982 年的市中心区规划控制下，该地区的特性可能会变得完全不一样了。[9] 事实上，这些规划控制本来是允许以一个办公区代替时代广场娱乐区的。在这个区域，大约可以兴建 111.48 万平方米的办公空间。[10]

　　任何一个走近模型的人都可以稍微弯下身子，以行人的视角往下看百老汇大街或是任何一条小巷，他马上就会注意到在尺度上惊人的差异；夹在新建筑之间的剧院看起来似乎是属于过去年代的。每一个观看模型的人也都会注意到新的大型标志，这些标志都被放在大型建筑的立面上，而不再像从前那样倾斜一个角度放在建筑物的屋顶，在天空的映衬下可以看到它们的轮廓。

　　大尺度的模型有效地展现了在 1982 年市中心区规划控制下景观逐渐的变化。这种规模上的差异令设计师、规划师以及非专业人士都感到十分震惊。"前期"和"后期"的草图都是模型建造之前在伯克利准备的，草图与模型所展示的建筑体量一样，但却大大低估了从行人的视角看新建筑带来的影响。模型的尺度足够大，可以使用传统的 35 毫米相机近焦拍摄。这个模型的截面尺寸有 304.8 毫米，这样的空间可以允许照相机沿着百老汇大街"行走"，并从右向左旋转。通过这种方式记录下来的模型与视图，成为开发与测试各种备选规划控制

时代广场模型制作

由上至下：1985年时代广场的实际状况；在1982年市中心区规划控制下的发展潜力，以及在1985年8月提出的另一种开发控制下的发展潜力

方案有效的设计工具。

如果想要将传统的时代广场上绚丽的灯光映射到夜空的景象保留下来，那么电子标牌必须从很远的地方就能看到。因此，这些电子标牌要与城市和天空形成一定的夹角。时代广场的建筑上大量堆叠的标志形成了一个碗装的户外空间，而这就是吸引着成千上万的人聚集到这里的关键性设计元素。对标志、光和天空保持开放的愿望，成为娱乐区各种备选规划方案的指南。

时代广场的模型为规划人员提供了一个舞台，让他们可以从行人的角度对该区域进行设计。研究行人的视线，然后计算出建筑物适当的退缩距离。在时代广场模型逼真的环境背景下，规划人员对新的标志以及备选建筑物的高度进行了测试。[11]沿着百老汇大街和第七大道，五个楼层高的建筑物可以保证视野的开阔以及充足的光线，设置在屋顶的标志在天空的映衬下显示出轮廓。随着建筑物的高度不断提升，那些比较高的建筑物就必须要从沿街立面向后退缩。只有这样的配置才能保障天空的开放。街道上方的建筑物向后退缩，可以让街道吸收到光线和空气。但是，这种备选的建筑配置方式却使1982年市中心区规划控制所允许的建筑面积减少了30%。

模拟研究团队建议以酒店代替办公大楼。新会展中心距离时代广场不足1英里，那里每年都要举办12场大型会展。根据纽约旅游局提供的数据，参观会展的人每年在曼哈顿的消费高达10亿美元，占纽约市旅游总收入的三分之一。时代广场似乎非常适合于安置约1万个酒店房间，以容纳那些前来参加会展的游客。

时代广场面向第八大道和邻近克林顿社区的住宅建筑也都制作了模型。所有的新建筑都沿着地界红线一字排开，并设有大面积的开窗，街面层设立独立的出入口，用作零售商店或餐厅。新建筑内部的生活也会创造出街道上的生活。

1985 年 9 月，时代广场的模型首次在规划委员会的听证会上公开展示。市立艺术协会将模型摆放在听证会会议室的最前方，所以委员们不得不绕过模型。模型将听证会的委员同坐在第一排的听众——剧院团体的三位负责人以及他们的法律顾问——隔开了。在剧院老板的要求和帮助下，模型在他们进行质询的时候移开了。但是后来，这个模型又被一群演艺人员和编剧带回了会议室，当他们表述自己支持剧院保护以及娱乐区分区控制的意愿时，利用这个模型进行说明。杰森·罗巴兹（Jason Robards）为一段 10 分钟的视频配置了旁白，这段视频所展示的是以人视高观看时代广场模型的场景，并对 1982 年市中心区规划控制方案和模拟团队提出的备选方案进行了对比。

这段影片和模型在麦迪逊大道（Madison Avenue）的城市中心展览馆进行了展出，展览持续了四个月，让很多前来参观的人们对时代广场的未来发展有了新的认识。市中心的上班族也可以在午餐的时候观看时代广场模型的影片。他们看到了其他的备选方案，并有机会作出反应，阐明自己的观点，并参与围绕模型开展的公开讨论。

1986 年夏天，《纽约时报》报道了规划部门对时代广场规划控制的修订内容。所有面对时代广场的建筑物从街面标高开始计算，其高度不得超过 60 英尺（18.29 米）；如果超过了这个高度限制，那么该栋建筑物就必须向后退缩 50 英尺（15.24 米）。在退缩 50 英尺的建筑物顶部要强制性安装大型发光标志。每个新开发项目沿立面设置的发光标志，其面积都与面对人行道的立面尺寸成正比，即时代广场临街面

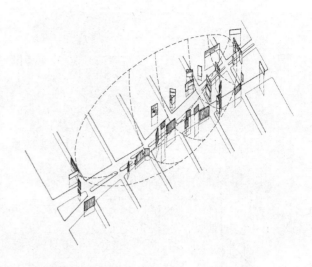

时代广场的电子标志，1985 年

每英尺就设有 50 平方英尺（4.65 平方米）的标志。如果向后退缩的距离超过 50 英尺，那么建筑物的高度就可以再增加。到目前为止，城市规划部门的提案同模拟团队准备的模型是完全一致的。但是，对于每栋新建筑允许的建筑面积仍然存在着争议。城市规划委员会不愿意改变他们在 1982 年制定的决策，对"依照法规"授予许可的建筑面积进行限制。在他们看来，建筑物的尺度已经变成了一个政治性问题。

1986 年修订后的规划控制，同 1982 年的市中心区规划控制一样，允许高层塔楼的总建筑面积是占地面积的 18 倍（容积率为 18）。通过上空权的转让以及奖励机制，还可以再增加一些建筑面积。[12] 因此，在 1986 年的规划控制下，街道的两侧有可能会形成高高的"峡谷陡壁"，这样就无法确保这个大型公共空间的"碗状光线"，而充足的自然光线是广场保持活力所必须的要素。为了保持时代广场对阳光和天空的开放性，模拟团队认为，建筑物的体量必须通过倾斜以及呈角度的平面而受到限制。这个角度将会决定所有新建筑的高度。在这一

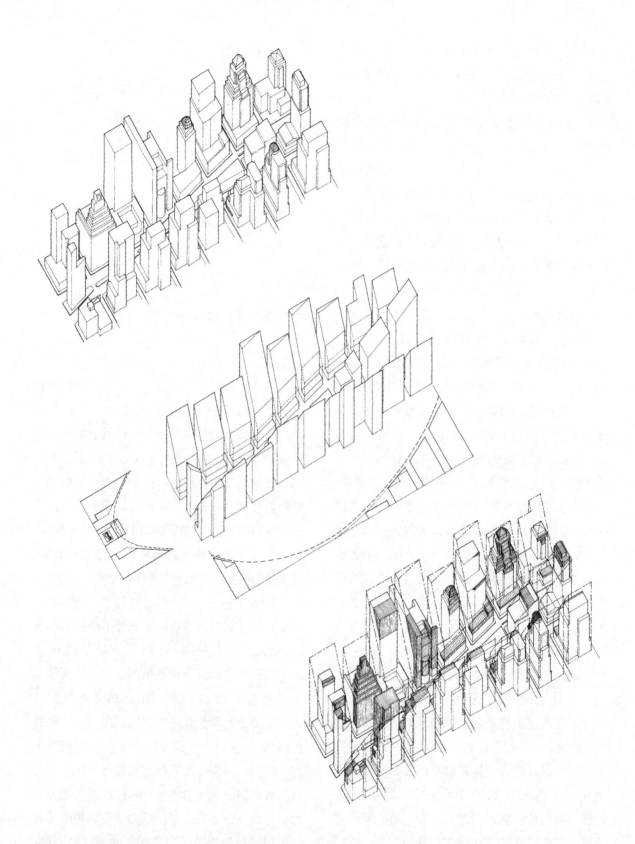

营造出一个碗状的空间。由上至下：1985 年提案的备选规划控制方案下可能的建筑量体；1985 年提案备选规划控制方案下的分区界限；扩展到分区界限"之外"的建筑量体

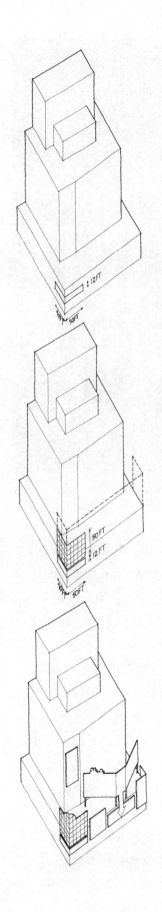

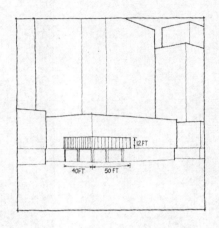

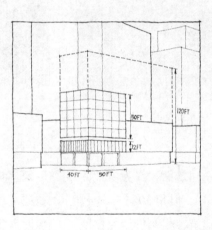

标志的设计与安置。最上面的草图说明了1985年提案要求的标志形式，这些标志都是与街面层的商店和餐厅相关的商业广告，每个立面的纵向尺寸约3.66米。中间的草图描绘的是一个大型的电子招牌，用于播放一般性的广告，每个立面最小高度为15.24米，距离地面高度最高可达36.58米。最下方的草图说明了标志所需要达到的效果

模拟与现实。从左至右：1985 年提交的备选发展控制下的开发状况；1986 年通过的规划控制下的开发状况；1995 年的实际状况（右页图）

条款的制约之下，最大总建筑面积降为占地面积的 14 倍（容积率为 14）。但是 1986 年通过的规划控制修正版中，建筑容积率仍然保持原来的 18：1 没有改变。

　　既要考虑到城市的官方提案，又要考虑到反对方的提案，模型为讨论提供了更大的特异性，因为它将那些看起来非常抽象的规则所产生的效应直观地表现了出来。建筑容积率、退缩以及悬挑，这些专业概念都表现在模型当中，变成了现在更多人能够理解的术语。

　　时代广场项目的讨论，促使曼哈顿的社区团体开始使用建模和动画技术解释城市规划政策对他们自己的社区产生怎样的影响。1986年，曼哈顿上东城区的一个市民团体利用这项技术，展示了假如沿着东河以及第一、第二和第三大道修建更多的高层住宅楼，那么这些大道将会变成什么样子。保罗·纽曼（Paul Newman）讲述了他们的故事。1987 年，纽约市公园委员会（Parks Council of New York City）通过仿真技术，更好地了解了电视城（Television City）的影响。电视城是 20 世纪 80 年代中期，针对第七十二大街铁路调车场的一块基地提出的一项开发计划。城市规划人员会同由州长任命的一个特别工作组，委托专业团队对这个项目进行模拟，解释这条仍然存在争议的西部高速公路的设计。最终，公众对仿真技术产生了极大的兴趣，以至于纽约市也模仿伯克利建立了一间实验室；这间实验室至今还在运转。

时代广场的夜景，1995 年

第5章
旧金山市中心区

在旧金山，从 20 世纪 60 年代到 90 年代，东湾御庭（the Mission Bay）项目已经被讨论搁置了几十年。这片 90 英亩的土地原属于一家铁路公司所有，这家公司曾经提议在那里兴建住宅，但是由于土地受到严重污染，清理工作成本过于高昂而无法落实。1984 年，当铁路公司的土地开发部门提议，为了使住宅单元保持一个相对合理的价位，要将一些办公建筑纳入开发计划时，市政府官员对提案中两种土地用途之间的平衡提出了质疑。20 世纪 80 年代中期，公众讨论的重点集中在土地的合理利用问题上。当地的规划人员利用地图向政府人员解释了铁路公司的提议。他们描述了开发的状况，谁可能会住在那里，那个地方总共可以容纳多少人，以及道路交通如何进出等。尽管通过这样的讨论，使政府官员与民众对提案产生了一个粗略的印象，但是很少有人能理解"新城"实际的规模，以及它与邻近的社区，甚至与整座城市之间的关系。建筑师们还没有将他们的详细规划方案公布于众。

1981 年春天，建筑师将一个大型的开发模型带到了旧金山。[1] 在这个考究的灰白色模型中，建筑物制作得十分精美，比例也让人觉得非常舒服。整个模型构成巧妙，给参观者留下了非常深刻的印象。当地的政治家和规划者们看到这个模型的时候，他们注意力的焦点就从之前现实的数据分析转移到了建筑物的造型和表面质感这些更感性的问题上。伯克利环境模拟实验室还在这间展示模型的昏暗的会议室中放映了又一种真实的景象：屏幕上放映的幻灯片展示了东湾御庭这个开发项目在城市背景下的样貌。这样的景象给参观者带来了极大的震撼，其中也包含一些外地的设计师。一开始，会议室里寂静无声。然后，有人说了句："哦，上帝啊。"

新的城市全部都是纯白色的，这是一种会令人感到无比震撼的景象，它看起来是那么的不真实，完全不同于现实城市的丰富多彩。首先放映的幻灯片是最引人注目的，通过这个幻灯片，参观者可以对比旧金山既有的天际线和新城天际线之间的差别。对于居住在新城区附近波特雷罗山（Potrero Hill）的人们来说，这个问题也是他们最关注的问题之一。尽管后面还有其他的展示，但观众们似乎在看到第一个景象之后，就对提案表现出了反感。

在模型和幻灯片展示之后的一周里，当地的专家和政界人士召开了会议，决定不再对这项提案进行进一步的考虑。当地的官员和规划人员都反对新城区的建设，因为它在规模上与旧城区形成竞争的关系。他们说服开发商撤回提案，理由就是旧金山人不太可能支持这个项目。

为了准备拟议的东湾御庭开发项目的幻灯片资料，环境模拟实验室的工作人员在伯克利将建筑师的东湾御庭项目模型同旧金山永久性的住宅模型叠加在一起，随着新开发项目的进

拟建的东湾御庭（the Mission Bay）项目，1984 年。图示为从不同的位置观看的效果，（从上到下的）观察点分别是：基地正南方的多洛雷斯公园（Dolores Park）上方；基地东南方向的波特雷罗山；基地西南方向的市场街（Market Street）

行，城市永久性建筑模型也需要随之更新。这个项目的建筑师事先就知道他们的模型将会用于幻灯片中，于是来到伯克利考察城市模型的制作情况。显然他们并没有意识到，将他们的规划和模型并列在一起，会给当地的参观者带来怎样的影响。当然了，模型的颜色（或者说是缺少颜色）也影响到了他们提案的效果。此外，在第一组幻灯片中就展示出最引人注目的改变，这样的做法可能也是不公平的。事后看来，随意地选择幻灯片的投放顺序或许才是更合适的，只要它没有引起观众的困惑。

在外地建筑师的提案遭到否决之后，旧金山市政府和土地的所有者都各自聘请了一个由当地设计师和规划人员组成的团队。尽管很多社区团体都一再要求针对这个项目制作模型，但市府官员却对这项工作的重要性并不重视，或许是担心出现不好的结果吧，他们辩称，建筑物的高度问题已经不需要再进行讨论了，因为这个区域不再考虑兴建办公大楼。目前正在讨论的问题主要涉及拟议社区的密度，以及纳入经济适用房。本来，通过模型可以厘清很多实际的问题，但是除了设计师准备的理想化的街景草图之外，该项目没有再委托进一步的模拟工作。

当东湾御庭项目的计划首次提出的时候，相关人员已经在积极地利用旧金山的模型了。如果缺少了这样一个比例模型，那么下文中所讲述的很多工作都是无法完成的。1980年，当市中心区的规划工作刚刚开始进行的时候，对既有城市的现状还没有准确的计算机表现；直到1986年，伯克利实验室才开始创建市中心区详细的计算机三维模型。那些在实验室工作的技术人员通过摆放与拍摄实体模型展现未来的变化，从而磨炼专业技能。他们使用了很多模型动画程序，这些程序一旦启用，都可以很容易地转化为计算机技术。

观察者可以走近比例模型，并将已知对象的相对尺度同提案对象的尺度进行对比，这就为使用这类模型创建的图像提供了依据。当研究团队找到一位盲人志愿者到伯克利实验室参观旧金山模型的时候，我清楚地意识到在这种准确性经验测试中的心理层面的重要性。这名男子50多岁，天生失明，一直住在旧金山。他询问的第一件事就是灯塔所在建筑的位置，盲人协会就在那个地方。一位工作人员帮他找到了那栋建筑物，并引导他的手去感受它。之后他说："现在市场街在哪里？"用手比划，距离两扎的地方就是市场街。

之后，他又询问了模型的比例尺。当被告知那个数字时，他就能了解他的一扎在模型中所代表的距离了。接着，那个人用手划过市场街，随着他碰触到每一栋建筑物，我们就叫出那栋建筑的名字。他常常会问："我现在在哪一个十字路口？"最后，他走到了市场街的尽头渡轮大厦（Ferry Building）。他摸了摸防洪堤和沿着海滨铺设的高速公路。"电报山（Telegraph Hill）在哪里？"当被引导着摸向那里时，他说："哦，那座山离海滨很近。那么这一定就是柯伊特塔（Coit Tower，这栋建筑位于电报山的顶端）。我去过那里好几次了。我可以再回到市场街吗？"那个人摸了摸金融区沿着市场街分布的高楼大厦，又回到电报山，之后回到市场街，又回到电报山。"天哪，"他说，"当我还是个孩子的时候，电报山上的柯伊特塔是整个旧金山最高的建筑。可是现在同市场街上的那些建筑相比，它只是个小家伙！在我的有生之年，这座城市变了。"

这个人和那些来到伯克利参观模型的人一样，都进行了相同的比较。他们会将新建筑的尺度同自己熟悉的建筑物尺度进行对比，而这样的比较在投影的图像中是无法进行的。参观者可以观看并且碰触到模型，以他们自己习惯的速度检视它；而投影的图像则转瞬即逝，它们是参观者无法控制的。

这个旧金山的模型是在富兰克林·D·罗斯福（Franklin D. Roosevelt）总统任内，由美国工作进步总署（Works Progress Administration）出资，为1939年的金门国际博览会（Golden Gate International Exposition）建造的。伯克利实验室在1972年对模型进行了更新，以展现出旧金山自20世纪30年代以来的发展状况。[2] 当他们将20世纪30年代之后兴建的建筑物安插到城市模型当中时，用摄影机对准模型，并将这些变化记录下来。影片中的城市景观在20世纪四五十年代几乎没有什么变化。但是突然，20世纪60年代初期，高层建筑出现了。在展现20世纪六七十年代的几分钟影片中，旧金山的城市景观发生了翻天覆地的变化。

到20世纪70年代末，金融区已经发展成了一个三角形的区域，由市场街、华盛顿街（Washington Street）和蒙哥马利街（Montgomery Street）围合而成，自20世纪20年代以来，蒙哥马利街一直都是旧金山市的商业街与银行街。当这个三角地带之内几乎所有可用的土地都被开发以后，这个布局相对紧凑的金融街总共容纳就业人口约为28万。从1967年到1977年的近10年，美国银行大楼一直是蒙哥马利街以西唯一的高层建筑。后来，在蒙哥马利街以西一个街区的科尔尼街（Kearney Street）上兴建的一栋新的高层建筑，似乎标志着市中心区开始向唐人街和联合广场（Union Square）的零售商业区扩展。

旧金山市中心区的改造遭到了越来越多社区团体和环保组织的抗议。20世纪60年代初，当第一批高层建筑出现在城市的天际线

时，旧金山的居民就投票反对了这座城市的"曼哈顿化"。一些知名的建筑被新建的高层建筑所取代，人们的视线受阻，从而引发激烈的争议。旧金山的市民们抱怨说，新的建筑不仅遮挡了人们熟悉的视野，还与周围的维多利亚式建筑很不和谐。许多人认为，新的高层建筑使得旧金山市中心区的街道不再像从前那样舒适了，形成了很多阴暗、寒冷与多风的开放空间。在1986年之前连续进行了六次投票，有非常多的人签名反对兴建高层建筑的提议，于是在1986年，最终通过了一项新的市中心区规划方案。起初的三次提议都没有通过。而在1983年提出的第四次提案仍然未能通过，仅差了1919票，也就是0.2%的选民比例。这样细微的票数差距表明，一定要制定出一个新的规划方案，一个使社区团体、环保组织、市中心区的房地产以及企业界都能接受的规划方案。[3]

1979年，为了将市中心区未来的开发结果表现出来，伯克利团队对之前的旧金山模型进行了修改，首先将现有规划控制条例下允许兴建的建筑物安插进来，然后再规划未来的发展状况。加利福尼亚大学伯克利分校的研究团队利用房地产专业人员绘制的地图，显示出已经被使用了的土地。他们预测，新开发项目的建筑面积将达到92.9万平方米，而之后还将再增加92.9万平方米的建筑面积。[4]

20世纪80年代初期，即使是在规划者假定的15年期间，关于增长率的讨论并没有考虑到这种对发展的预测可能是不切实际的（储蓄和贷款行业的放松管制，以及在有关英国对中国香港未来的殖民统治谈判陷入僵局后，来自香港的资本大量涌入，这些状况都给未来的开发带来了巨大的压力，而规划人员则要对这些压力做出应对）。然而，随着企业对其行政

1935

1961

1969

1972

1974

旧金山市的天际线，1935~1974年

职能进行调整，郊区正在兴建中的办公楼面积已经逐渐超过了旧金山市中心区的面积。郊区的新建办公楼项目引起了人们的关注，特别是很多企业卖掉了他们原来位于市中心的总部大楼，转而在郊区兴建新的办公场所，这导致了80年代末市中心区的空置率达到了25%。市中心区新建办公空间的实际增长速度将会变得非常缓慢。从1985年到1995年期间，市中心区实际新建的办公空间只有约18.58万平方米。

在20世纪80年代初，几乎没有人预料到这个数字会如此之低。当时，联合广场附近的四座新建酒店大楼正在筹划当中，它们都盖到了高度限制的上限34层。在唐人街，当时只有一栋建于20世纪60年代的公寓楼达到了16层的高度限制，另外还有几个项目正处于提案阶段。在唐人街的边缘，也就是办公核心区，计划筹建74.32万平方米的办公空间。规划署因民众对加速开发的关注，建议将建筑物的高度限制降低、减少许可的占地面积，以及开放占用土地上空权的转让等举措，以保护历史建筑。他们与环境模拟实验室签订了合同，要用模型的方式对他们的提案进行说明。

一名旧金山市的规划人员正在通过模型检视提案的建筑高度限制

想让民众通过直观的视觉了解到这些新的规划方案会产生什么样的效果,最好的方式就是在模型上以渐进和累积的方式逐步显示出可能的开发进程。实验室的研究团队在模型的很多位置都安放了照相机,相机的高度就设定为人眼的高度,首先拍摄的是现有的场景,然后是在1974年规划控制下逐步产生的一系列变化,最后是另一套备选规划方案下的变化。这些拍摄的图片都被记录在影片当中,如果想要对某个项目进行具体的分析,就可以慢速播放与之相关的图片,而如果想要讨论累加的效果,则可以以较快的速度播放。通过反复观看这些影片剪辑,规划人员以及负责规划工作的政府官员可以分析出增长的模式,以及新的规划控制将会产生怎样的效果。

在影片中,最吸引人注意的就是联合广场附近商业零售区街道的景观。在20世纪80年代初,这个地区的建筑林立,高度约为20~30米,后来由于兴建新的酒店,原来的这些建筑都将会被改变。规划控制条例允许这一类建筑的高度上升到110米。同样,在唐人街,根据新的规划控制条例,现有15~22米高的建筑可以提升到50米或73米。在联合广场以西的田德隆(Tenderloin),现有建筑物的高度很少有超过28~30米的,而将来这里的建筑高度应该会达到73米或98米。

城市规划者们同意将金融区以西范围内的建筑物允许高度降低到与周边地区建筑相当的水平。1974年,旧金山城市设计方案中的"造山政策"(hill policy)并没有对城市发展提供什么指导作用;事实上,它也是这项政策失败的部分原因。为了能够在市中心区建造一座由密集型高层塔楼形成的"山丘",该项方案控制建筑物的高度从中心区向周边逐渐降低,由中心区的152.4米或182.88米,逐渐向四周降低至9.15米或12.19米,这个高度接近于附近社区的建筑高度。然而,在"山丘"范围内的联合广场区域,金融区、零售区和唐人街之间已经没有可供支持逐渐降低建筑物高度的空间了。

伯克利研究团队对金融区附近的城市道路进行了详细的展示,并站在行人的角度研究建筑规模的变化可能会产生的影响。现有建筑物在尺度上都是差不多的。尽管长度和高度不一定完全相同,但它们的尺度都介于一定的范围之内,行人可以将这些建筑物视为一系列的单元,也可以视为一个整体。

为了演示如何确定建筑物的高度,以确保提案的建筑在规模尺度上与其所在地区的环境特色相协调,伯克利实验室创建了一系列的视图,显示假如建筑物的高度逐渐增高,会形成怎样的景观效果。所有观看了这一系列视图的规划人员都一致认为,如果建筑物立面的长度也能设置限制的话,允许的高度范围就是可以接受的。他们提出了一个想法,就是在给定的区域将提案建筑物立面的长度限制在某个既有的尺度范围。然而,由于担心新的开发项目会忽视较低的高度和立面长度,规划人员对于如何设定这样一个范围一直无法达成共识。规划人员所能想到的最好的办法,就是将这两个方向的限制联系在一起,立面比较长的建筑,就将其高度限制在比较低的范围内,而立面比较短的建筑则允许其达到高度范围的上限。然而,针对这样的构想,法律顾问却认为,这种对业主权利的限制太过武断了。[5]

实验室的工作仍在继续,他们现在所进行的分析与官方政策的制定有关,对于实验室来说,这种角色的转变是微妙而又重要的——之所以说重要,是因为迄今为止,该实验室之前的工作只是应对城市规划人员的需要,对他们

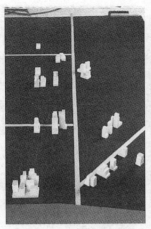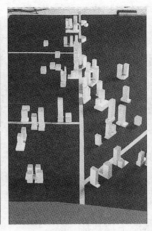

旧金山市中心区模型,位于视野中央的就是市场街。图示从左至右:现状(1985年);根据1974年的规划控制,增加了约92.9万平方米的办公面积;根据1974年的规划控制,新增了185.8万平方米的办公空间;根据另一套备选的规划控制方案,增加了185.8万平方米的办公空间

的想法进行测试。而现在,实验室的工作提升到了为制定城市规划标准寻找依据的高度。伯克利实验室的研究团队产生了一些构想,并对它们进行了测试。

该实验室制作了一些表现图,以展示人们在商业零售区沿着人行道行走时的感觉。最好的图像表现方法就是在人行道的水平面上拍摄鱼眼照片,直视街道上方的天空。这种圆形的图像会以180°的视角将街道上所有的信息都捕捉到照片当中。尽管画面有一些扭曲变形,但鱼眼照片会像在现实世界中一样,将观察者置于所有事物的中心,周围环绕着建筑物,头顶上是天空。这些图像为研究团队提供了一个很好的分析工具。这组图片包含了从金融区沿着某条特定的街道步行进入商业零售区所经过的场景,它们展示了建筑物是如何界定这条街道的,以及这些建筑物遮挡了多少天空,或是有多少天空没有被建筑物遮挡住。在实验室制作的"天空地图"(skymaps)上,零售区的街道上方有广阔的天空,建筑物呈现浅色;而金

融区的街道上方却几乎看不到天空,那里的建筑物看起来相对暗淡。通过叠加一个圆形的网格就可以测算出天空被建筑物遮挡的程度。对叠加网格数进行统计后发现,在商业零售区的街道中部可以看到天空的比例为75%,而金融区则只有10%或15%。此外,当太阳运行弧线被分别叠加在商业零售区和金融区的街道上并进行比较时[6],显示出零售区的人行道拥有充足的阳光。在一年当中有六个月的时间,阳光会在午餐时间直射东西向街道北侧的人行道,而在南北向的街道上,则全年都能接受到阳光的直接照射(夏天有6个小时,秋天有4个小时,冬天有2个小时)。而在金融区,所有东西向的街道在午餐时间都无法接受阳光的直接照射;而南北向街道全年平均每天接受的直接日照时间也不足1小时。

研究团队将有关日照分析以及开放天空的测量报告提交给规划委员会,委员们对此进行了讨论,并一致认为,让行人可以享受到阳光是零售区的一项有利的条件,它可以促进提升该地区的经济活力。他们相信,假如能使人行道获得充足的阳光,那么无论是零售商还是民众,都会支持适当降低允许的建筑高度。伯克利的研究团队负责计算能够保证阳光照射的建筑物高度。在进行这些计算的时候需要考虑到

具体街道的宽度和方向，不仅针对商业零售区，也包含附近的田德隆（Tenderloin）在内，这就为减少个案开发权提供了理由。

这项工作刚刚在伯克利开始进行的时候，城市规划部门就提出了更多的分析需求。规划者们当时最关心的是一个132英尺40.23米高的独立产权公寓项目，而这个项目的兴建有可能导致唐人街的一个小游乐场受到遮挡。在每个工作日的下午两点到四点，很多孩子从中文学校放学，这个游乐场都是非常热闹的。[7]

鱼眼镜头所拍摄的画面就是中国游乐场。一张假想的约49米高——允许的建筑高度——建筑物的蒙太奇照片被添加到游乐场上方的天空。由此形成的图像就可以显示出，拟议中的开发项目会遮挡住多少天空和阳光。然后，还是同样假想的约49米高的建筑物被放置在适当的位置，再利用太阳运行路线图计算操场接受到日照的时间。照片分析显示，如果建造了这样的一栋建筑物，这个游乐场在下午将会无法享受到阳光。在一次很令人感动的会议上，规划委员会通过了一项决议，降低中国游乐场周围的建筑物高度，并且该决议立刻生效。一年后，1983年，县议会（the Board of Supervisors）（旧金山的县议会就相当于市议会）支持这项决议，将游乐场周围的建筑最大限制高度由原来的约49米降低到15.24米。[8]随后，规划委员会下令，对旧金山市中心区所有的开放性空间进行自然采光测试。

随着官方政策的制定基础现在逐渐转变为对舒适气候的需求，对于气候与开放空间使用之间关系的进一步研究变得势在必行。城市规划部门首先针对市中心区的12个开放空间进行了用户调查。当受访者被问到是什么因素吸引他们来到这些开放空间的时候，这些市中心区的上班族最常提到的就是阳光。[9]由于调查

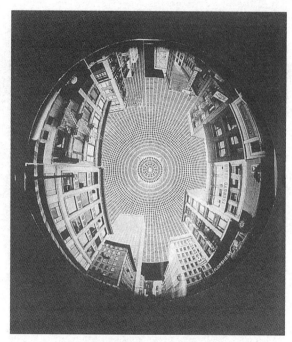

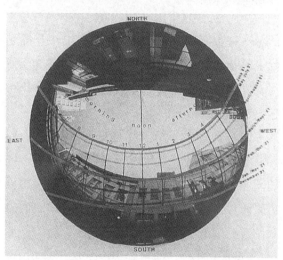

（上图）测量旧金山市中心区街道上的日照情况；（下图）科尔尼街上空的极坐标网格，以及商业街上空的太阳运行弧线

的范围有限并且强调定性，研究团队并没有获得充分的证据证明所有开放空间附近的建筑都应该比较低矮。我们要做的是针对建筑形式与四个变量之间的关系创建一个系统的模型，这四个变量都会对微气候条件产生影响，它们分别是：太阳、风、湿度和温度。[10]实验室团队需要在每一个季节对这些变量进行分析，并计

算出建筑造型对自然采光效果以及风速产生哪些影响。

实验室还创建了另外四个大型的市中心区模型，用来测算太阳和风的状况。测算出来的结果数据同人体体温调节系统的计算机模型关联在一起。研究团队对人们在特定季节的穿衣情况以及活跃度状况进行了假设。季节性地图证明了他们最初的假设是正确的：那些可以接受到阳光直接照射的区域有 50% 以上的时间会让人感到舒适；而在那些阳光照射不到的地方，人们感觉舒适的时间是非常短暂的。尽管那些阴暗又常常刮风的地方尤其不适合居住，但是单凭降低风速也并不足以使这些地方变得比较受欢迎。[11] 研究团队验证了一个事实，而这个事实是旧金山人早就知道了的：对于户外舒适性来说，直接的阳光照射和遮风是必须的因素。

1984 年，当伯克利实验室团队的研究成果出炉的时候[12]，市中心区的规划工作已进入关键阶段。市民团体和一些县议会的成员认为这项计划对于开发的限定太过宽松友善了。而包括市长在内的其他一些人则因它对开发的限制感到忧虑。主张支持的团体决定打破僵局，在 1984 年的初选投票中，把这个问题的决定权交给选民。新的倡议提议修订城市宪章，以保护公共开放性空间拥有充足的阳光，而且正如很多选民所了解的，该倡议还将阻止在旧金山市中心区西侧的公共公园旁边兴建高层办公楼。在前一个倡议遭到否决 7 个月之后，有64% 的旧金山市民投票赞成保留公园和广场的阳光。在持续了 20 年之久的发展控制斗争中，环境保护组织赢得了他们的第一场胜利。

旧金山这座城市已经被带进了实验室，以测试新的开发对其外观所造成的累计效应。那些支持市中心区开发的人们认为，伯克利的研

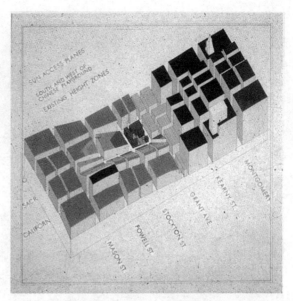

唐人街游乐场的示意图，为了让阳光可以照射到这个区域，对周围的建筑物高度进行了限制

究支持了对市中心区发展的限制；而规划人员则认为，这项分析支持对拟议开发可能会导致的累计变化进行更仔细的检测。这些发现在开发社区引起了巨大的轰动。实验室所在的加利福尼亚大学伯克利分校环境设计学院的院长接到旧金山建筑师的电话，他们抱怨实验室的工作"对专业造成了损害"。这些打来电话的建筑师们声称，伯克利分校的研究团队被敌人玩弄于股掌之中了。

那些急于限制成长开发的人们认为，伯克利分校的研究并没有充分有力地证明在市中心区进行开发会造成的有害影响。他们把这个实验室看作旧金山城市规划部门的一个延续，在他们看来，该部门的领导是不赞成对开发进行限制的。实验室夹在两方中间，而这恰恰就是它应该处的位置。

显然，在实验室里进行的研究和拍摄的照片，引起了围绕着成长开发而进行的政治斗争。规划委员会认为实验室的研究很有价值，因为这些研究成果刚好满足了他们的需要。意识到

旧金山的规划人员正在观察风洞测试模型的组装

社区对市中心区开发的反对越来越强烈，委员们知道，只有解决了反对派的担忧，县议会才有可能批准一项新的计划。

由于这场政治辩论进行得如火如荼，实验室不仅要提供准确的讯息，还要对外开放，接待所有想来看看"科学工作"的来访者参观，这同样非常重要。事实上，有很多旧金山人会花30分钟的时间来到伯克利，看一看实验室研究团队的工作状况。

美国建筑师协会的城市设计委员会在伯克利实验室召开了一次会议。城市设计师、旧金山规划委员会的成员，以及规划人员都聚集在模型的周围。那些反对在市中心区进行开发的人士也参观了这个比例模型的研究。规划人员已经为讨论做好了充分的准备，他们要求模拟出几种不同的建筑物高度限制规定。规划团队中的城市设计师已经对这些课题进行过研究，对他们提出的假设进行验证，并测试了其他的备选方案。

在会议召开之前，建筑师们曾经就在某个特定的地点建造高层建筑争论不休。然而，当美国建筑师协会的成员和委员们一起研究这个模型时，他们却达成了共识。所有各方——开发商、规划人员、建筑师，以及反对开发的人士——都对模型研究中的假设提出了质疑。但当真正看到模型之后，他们承认，这些研究确实准确地代表了拟议中的新规划控制方案。

和其他面临政治压力的人一样，规划人员有时也会改变他们自己的观点。在看过模型的相关影片之后，该项目的规划总监认可了新增设的建筑物高度限制，并为它们的合理性进行了辩护。他认为，在新的规划控制下，有几栋建筑物可能太高了。伯克利的研究团队学会了期待这样的转变。来到实验室参观的人们常常会提出一些非常具体的意见。事实上，由于模型的存在，它促使来访者将讨论的重点集中在复杂的规划与设计问题上。那些来访者之所以亲自来到伯克利实验室参观旧金山大型模型，

旧金山天际线模型，分别展示了1985年的现状（左栏），以及1985年市中心区规划下可能呈现的状况（右栏）。这些视图（由上到下）的观察点分别是金银岛、波特雷罗山、多洛雷斯公园、西部扩建区和海湾大桥

往往是由于对图像缺乏信任。各方人马都可以看到挑选出来的模型视图：在电视上，在规划委员会会议室的墙壁上，幻灯片被投射在显示器上，或是打印出来的照片上。规划争论双方阵营的主要参与者，都对这些图像的处理心存疑虑。他们一定要亲自看一看，并听一听他们所带来的其他人的反应。

在这场关于旧金山市中心区规划的争论中，双方都认可城市总体规划的前提，即所有高层建筑都应该集中在一个界定明确的区域之内，如此才能在开发办公空间的同时，还能兼顾保护周围的社区环境。尚无答案的问题是，待开发区域的边界应该划定在哪里。

实验室就高层建筑对城市微气候的影响进行了实验，根据实验结果，建议将金融区的西部边界作为开发的界限。然而很明显，开发可能会向南扩展，靠近跨湾巴士总站（Transbay Terminal）的位置。巴士终点站周围的区域往往破败不堪、声名狼藉。多年来，房地产业一直不愿意在跨湾巴士总站附近进行任何开发。尽管与一般的巴士终点站有所不同，这个车站为那些从东湾（East Bay）郊区城镇通勤至金融区的人们提供服务，但这种污名却依然无法消除。

为了能将投资者的焦点牵离土地稀缺的金融区核心地段，市府提出将那些历史建筑用地的开发潜力转移到跨湾巴士总站附近的一个新特区；在那里，允许进行密集的开发。然而，即便有了这些激励措施，开发商仍然对这个地区没有什么兴趣；但由于市中心区向其他方向的发展受到阻碍，他们也别无选择。

到了 20 世纪 80 年代中期，很少有旧金山市民会质疑大规模的开发对市场区以南的街道造成什么影响了，也几乎无人提出这个区域的建筑提案应该套用什么样的城市设计标准。对

于鼓励兴建超大型新建筑的政策，几乎没有民众提出反对意见。此外，市场南部街区的测量尺度不断加宽加长，致使将一些小地块组合在一起容纳占地面积很大的建筑物，相比其他地区要容易得多。

但是，在市场区南部实施的占有土地上空权的转让机制，引起了人们对于高层建筑影响的疑虑，特别是这些高层塔楼与该地区大多数小型商业建筑之间存在着明显的反差。多年以来，在周遭区域内占主导地位的只有一栋高层建筑。[13] 然而，随着时间的推移，金融区的范围将逐渐向南扩展，越来越多的小型建筑将会被新建筑所取代，而跨湾巴士总站地区的特点也会随之改变。

"造山"政策就是针对开发议题应运而生的解决之策，即把所有的高层建筑都紧密地聚集在一起，之后向周边逐渐降低建筑高度，直到接近于临近街区的建筑高度，但是，首先必须要对"山"进行设计。任何一个走在金融区上下班的人，都会从市区外围开阔的街道（那里有充足的阳光，可以看到海湾与海湾大桥）逐渐走到市中心区较为狭窄的街道（这里更活跃更密集）——回家的路则恰好相反。[14] 为了研究随着"山"的密度逐渐变化，这些新的开发项目会给行人带来什么样的感受，研究团队在实验室中模拟了跨湾巴士总站周边区域的场景。以典型的街道截面为对象建立了模型，以研究行人在穿过这一街区时，身处建筑物当中或是被建筑物环绕的体验。尽管市场区南部街道的宽度是恒定不变的，但建筑物的高度却有很大的差别。在市场街以南半英里的第二大街，建筑物的高度为 12.19 米，相当于街道宽度的一半。而在市场街以南四分之一英里处，建筑物的高度提升到了 24.38 米，等同于街道的宽度，最后，在市场街以南的下一个街区，建筑

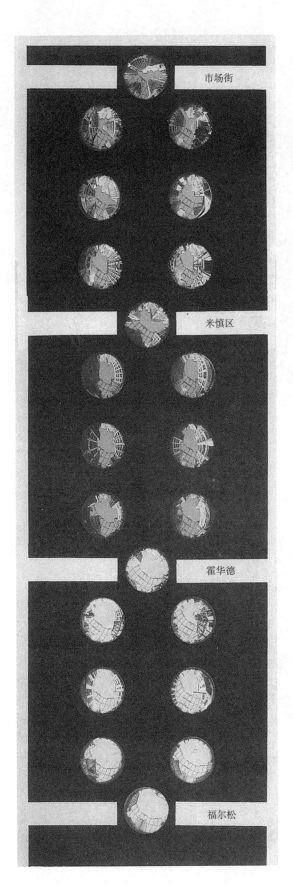

第二大街的天空曝光图，由市场街向南到福尔松（Folsom），1983 年

市场街

米慎区

霍华德

福尔松

高度从 30.48 米到 121.92 米不等，超过了街道的宽度。假如新建筑的高度也遵循这样一种模式，那么距离市场街最远的跨湾巴士总站区可以保持 12.19 米的街墙。高层建筑可以超越这些街墙向上延伸，但必须向后退缩 15.24 米。无论是街墙的高度还是塔楼的高度，都会朝着市场街的方向一个街区一个街区地逐渐增高。

　　经过对提案进行研究，并与开发社区进行大量的讨论之后，规划人员提议，沿着市中心以南跨湾交通站地区的两条街道，以及沿着新蒙哥马利街和第二大街设置保护区，但不设置建筑街墙高度随着远离市中心区而逐步降低的控制规定。相反，规划人员建议统一规定街墙的高度与体量，将街墙的高度限定在街道宽度的 1.25 倍。在跨湾巴士总站地区，这就意味着所有街道的建筑物街墙高度皆为 30.48 米左右，塔楼部分向后退缩，并设置一个装饰性的造型顶。在这项提议的控制下，研究团队建立了原型建筑的模型，并将其安插到更大的旧金山模型，以及更详细的市中心区街道模型当中。

　　正如本章所讨论的实验室实验，测试城市的视觉形态是相对容易的。但是，当我们对这些测试进行评估的时候，一些问题就会浮出水面了。由于缺乏一个能够被大众广泛认同的城市视觉形态的标准，对于到底什么是好的形式，可能会有很多种解释。旧金山的"造山"政策是一个被广泛接受的标准，在这个标准下，很容易对新的开发案进行测试和评估。但该标准是个本地性标准，它的确立根植于旧金山的半岛形地理位置及其地形地势，半岛上有很多小山和整齐的路网，街道两侧排列着小型建筑。而到了其他城市，如此在市中心区塑造的"山

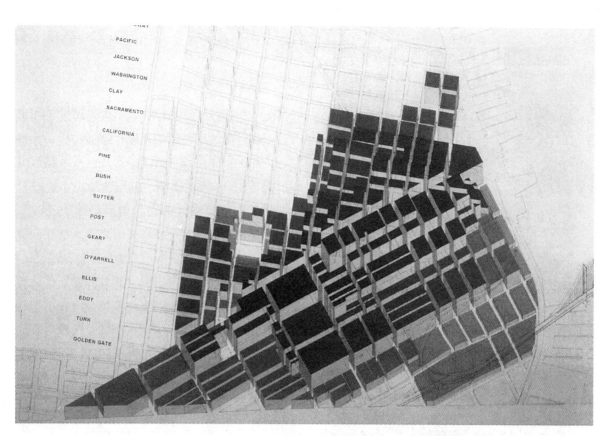

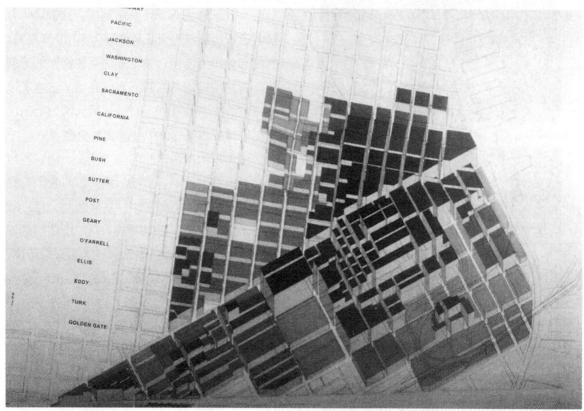

在 1974 年规划控制（上图）和 1985 年市中心区规划下（下图）的"山"的造型

丘"可能就没有什么意义了。在丹佛，有一项限制公园和开放空间附近建筑物高度的法令，而这项法令的实施是为了保留从开放空间看向落基山脉（Rocky Mountains）山脊线这段假想的视线通道。最著名的建筑物高度控制条例在美国华盛顿特区，所有建筑物的高度都必须低于国会大厦圆顶的底部。

城市设计师试图在其他城市推广类似的定序原则。在纽约，对于像世界贸易中心这样的高层建筑，设计师认为应该将曼哈顿设计成类似于山脊的模样，高层建筑沿着曼哈顿岛的中心，由中央公园南部穿过市中心区，在南部的帝国大厦形成一个鞍状的结构，之后，从 Soho 区到曼哈顿的最南端，建筑物的高度逐渐增高。如果该计划被采纳，那么这项条例将会彻底阻止像"影视城"（Television City）——号称"世界上最高的建筑"——这样的项目出现在曼哈顿。但是，塑造一条曼哈顿的山脊线同纽约人的日常活动之间并没有太大的关联。很多人都承认，对于那些从海湾、东部与哈得孙河，或是从新泽西州看向曼哈顿的人们来说，这样的造型可能会更令人愉悦。

居民们很重视根据自然的地形地势塑造的城市形态，因为这样的城市形态使他们可以应对城市的变化。在加利福尼亚州圣迭戈（San Diego），研究人员对一些民众进行了采访，当谈到他们的城市外观时，这些受访者表示他们喜爱海滨环境、海湾，以及面向海湾的峡谷。有一位居民对早期的城市景观非常怀念，根据他的说法："（现在）北部的景观很丑，那些在山谷底部加速建设的项目简直就是悲剧。还有一些区域，那里停放着待售的汽车，而这些地方曾经都是绿意盎然、鸟语花香、宁静祥和的所在。想象一下，在城市中可以听到春雨蛙的叫声。我们过去经常能听到！"[15]

为了保护作为城市视觉结构要素的山谷，圣迭戈的规划人员试图将城市的发展从山谷地区引导出来。虽然有时会遭遇失败，但他们的工作还是赢得了广大民众的支持。针对这些预期的或是经历的变化，欧文·楚贝（Erwin Zube）在文献综述中指出了他的看法与反应，"规划和设计专业的人员将会承担起更大的责任，以确保城市的变化不会超越人们理解和应对的能力范围。"[16]

我所关注的是自然意象，它会对城市结构的美学产生重要的影响。赫尔穆特·沃尔（Helmut Wohl）将审美视野同连贯的观点和信任联系在一起，这是很有价值的，"或许这就是衡量一个观点所代表的一致性的最深刻的标准。审美视野提供了一种整体性的理想与标准，而这种整体性是将一种观点赋予现实得到的。"[17]

第6章

多伦多市中心区：城市形态与气候

旧金山的城市规划人员在工作中运用了对一种关系的认识，即城市形态与城市气候之间的关系，而这种关系就像人们居住在城市里的经历一样古老。在文艺复兴时期，无论是意大利著名建筑师莱昂·巴蒂斯塔·阿尔伯蒂（Leon Battista Alberti），还是后来的安德烈·帕拉第奥（Andrea Palladio，常被认为是西方最具影响力和最常被模仿的建筑师——译者注），他们都曾报告过塔西佗（Tacitus，古罗马元老院议员——译者注）所观察到的情况，即在国王尼禄（Nero，古罗马暴君——译者注）的统治下[1]，街道拓宽之后，罗马部分地区在夏季变得更加炎热——这是不利于健康的。帕拉第奥建议，在凉爽的气候条件下，拥有"充足宽阔"街道的城市会"更加卫生、宽敞与美丽"。而在较为炎热条件下的城市，狭窄的街道与两侧高耸的建筑可以为人们提供荫凉，这样会更有益于健康。帕拉第奥和阿尔伯蒂的灵感都来自维特鲁威（Vitruvius）关于城市规划和气候关系的著作。在国王奥古斯都（Emperor Augustus）统治时期，维特鲁威针对殖民城市的布局，建议街道的走向应该避开盛行风的方向，以免受强风的侵袭[2]，维特鲁威的著作曾被西班牙殖民官员仔细研读过，并被纳入西班牙国王菲利普二世（Philip Ⅱ）于1573年颁布的《印度法典》中，有时还应用于新世界的城市建设中。[3]

1800年，美国第三任总统托马斯·杰斐逊（Thomas Jeferson）从英国和法国回来，抱怨英国的天空常常是灰蒙蒙的，指出"很多英国人都有自杀的心理倾向，这就是因为北方地区缺少阳光"。在美国，他观察到天空通常都是蔚蓝的，但在夏季的几个月，人们却要忍受很高的湿度。他设计了一种棋盘式的城市规划体系，其中黑色的方块代表城市中已经建成的街区，而白色的方块则代表花园，它们与道路成对角线方向交错布置。他预计，阴凉花园广场上空的冷空气会在各个花园之间，以及较为炎热的街区之间形成自然对流。[4]

在世纪之交，阳光直射与空气流通对人体健康的益处成为医学界研究的焦点。举例来说，关于阳光与骨病或结核病之间的关系，以及将通风作为一项健康因素的研究结果，对全世界的建筑实践和城市规划都产生了重大的影响。[5]但随后，当地的气候条件对建筑物的造型、间距以及风格的影响却是比较小的。1937年，德国建筑师布鲁诺·陶特（Bruno Taut）正确地观察到，他的现代主义同行们对当地气候的差异性毫不重视："在（欧洲）北部高海拔地区兴建的现代主义建筑，其外观同地中海沿岸的建筑竟然是一样的。"[6]

每隔10年就会出现一些新的建筑风格；功能和结构需求的变化已经改变了建筑物的规模，但现代的城市很少是根据气候条件塑造的。在多伦多市中心区，冬季寒冷，夏季炎热潮湿，建筑与洛杉矶市区相似，而洛杉矶市区的气候却是冬季温和，夏季适度温暖。在干旱的亚利桑那州凤凰城，街道的尺度以及高层建筑之间的间距都与东京的新宿区相似，那里的夏天同样很热，但却潮湿得多。在所有这些城市中，城市的形态对当地的气候造成了不利的影响：街道和广场的风变得更大了，气温也变得更热或是更冷了。

虽然人们已经直觉地了解到城市形态与气候之间的关系，但是仅凭借直觉，还是无法预测未来具体的建筑将会对气候条件产生怎样的影响。目前，还没有一种综合的数学模型可以将拟议的结构体同人行道或公共开放空间中行人的舒适度——即影响他们生理健康的热条件——联系在一起。想做出舒适度的预测，就必须结合试验与计算技术。

影响户外热舒适度的变量有六个：阳光、风、湿度、环境空气温度、活动水平和服装。根据当地的天气气候状况，一个人可能更愿意坐（或走）在阳光下，或是更愿意待在建筑物的阴影之下，可能会在户外享受微风，也可能会待在建筑物里或拱廊下躲避恶劣的天气。城市的塑造就可以为人们提供这些选择。

1990 年，多伦多的规划者们一直都在寻求一个合理的理由，以便对市中心区附近建筑物的高度和密度进行限制与控制。环境模拟实验室接受了委托，就城市形态对微气候条件的影响进行模拟实验。[7] 实验室的研究团队探讨了建筑对街面层风环境的影响，根据日照情况和风环境评估行人的舒适度水平。实验室的研究团队并没有把研究的重点放在某个具体的建筑上，而是把整个地区发展的累计效应作为研究对象，并将现有的状况同在多伦多现行的规划控制下所允许的开发状况，以及在实验室所建议的规划控制下的发展状况进行对比。

相较于相似维度的欧洲与亚洲人口，加拿大人需要面对更大的挑战。多伦多位于北纬 43°40′[地球上相似维度的地区与国家有西班牙的坎塔布里亚海岸（Cantabrian coast）；法国马赛和意大利的佛罗伦萨]，这里的冬季有六个月之久，从 11 月到第二年的 4 月，平均每日最高气温在 35.5 ℉（4.5℃）上下徘徊。在 5 月和 6 月，天气通常都很好，平均每天最高气温约为 68 ℉（20℃）。如果天气晴朗，那么行人就有望获得舒适的环境。到了 7 月和 8 月，平均每日最高气温超过 85 ℉（29℃），而且在大多数的时间里，湿度指数都在 55% 以上，这是，多伦多的人们就需要寻求阴凉和微风来保持凉爽。在公园或是安大略湖（Lake Ontario）岸边，他们可以找到这样较为舒适的环境。加拿大的秋天是世界闻名的，但时间却非常短暂。

建筑对气候条件的影响最早于 20 世纪 60 年代才引起人们的关注，当时，多伦多市 TD 中心（Toronto Dominion Center）——现在叫多伦多市中心（Downtown Center）——第一期工程恰好接近完工。该项目由密斯·凡·德·罗负责建筑设计，以纽约的西格拉姆大厦（Seagram Building）为原型，是多伦多金融区第一座没有依照街道走向而定位的建筑物。这些建筑矗立在一片四面开放的广场上，高耸的塔楼营造出了一种严酷的小气候。在刮风的日子里，行人必须紧绷身体逆风而行，而四周的塔楼又使风变得更强了。

紧跟多伦多市中心项目兴建的是地下购物中心，从本质上说它是一个郊区的购物中心，与地铁系统相连。通过地下隧道和通道网络，人们差不多可以到达每一栋市区的建筑，从而进入商店、餐厅以及干净高效的城市地铁系统。一些上班族离开家，搭乘火车来到市区，穿过灯火通明、暖气充足的购物中心，就可以直接走进高层建筑的地下大堂，而不必在户外露天

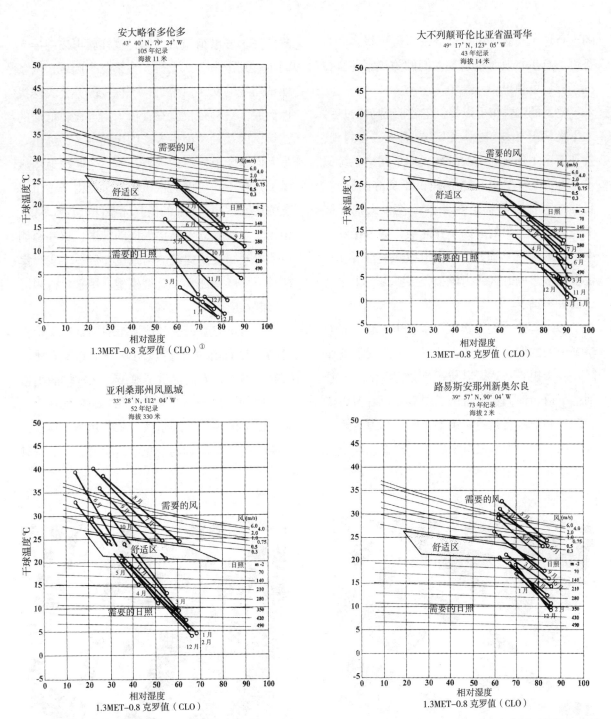

多伦多、温哥华、凤凰城和新奥尔良的生物气候图。多伦多生物气候图，请注意右下角的线代表每月平均最高和最低温度和湿度的范围。中间的舒适区代表一个人穿着商务套装感到舒适的温度与湿度，他可以在阴凉处悠闲地散步。

每年除了7月、8月和9月的几天以外，多伦多的气温都非常低，不适合在户外悠闲自在地散步。在一年当中的大部分时间里，身着职业装的行人只有在阳光直接照射下才会感到舒适。舒适区下缘以下的线代表他们需要多少阳光。举例来说，要想弥补4月正午时分50℉（10℃）的温度，就需要相当于每平方米350瓦的辐射能量。当太阳升起到地平线以上足够的高度时，例如在多伦多4月和9月的正午时分，直射的太阳光就能够产生这么多的热量。在7月和8月，正午时分气温会超过77℉（25℃），而湿度会超过55%，在这些日子里，多伦多的人们就会寻求阴凉与微风的环境。如图中舒适区上方所示，风速为0.5米/秒，可以对湿热的环境产生一些补偿作用

———————————
① 人体新陈代谢率单位。一个健康的成年人静坐时保持舒适状态的新陈代谢，记为1MET，1MET=58.15W/m²。——译者注

的人行道上行走。电台播放的天气预报很少对寒流信息进行及时报道；人们的防寒服还留在汽车的后备箱里。

地下的咖啡馆可以提供午餐。晚高峰过后，地下商店开始纷纷打烊，部分地下通道封锁，直到下个工作日才再次开放。地下网络系统似乎为在办公室工作的人们提供了良好的服务。它的便利性可能就是 61% 的多伦多人选择搭乘公共交通上班的原因，在北美，这一比例仅次于曼哈顿。[8]然而，这种便利性也是有代价的。在多伦多市中心区的街道上，很多街头生活已经消失不见了。

1990 年，规划人员被要求将市中心和安大略湖中间的旧铁路场区设计成一个扩展的商业区。由于担心新建街道与建筑会将多伦多人赶到地下道，他们建议将街道塑造成现有城市核心区到湖滨区之间的一条重要的人行道。规划人员们设想，可以在市中心以东的地方集中安

置住宅，并沿街布置商铺，这样就可以引导人们步行到市中心区上班。在第三个区域，两条地铁路线的交叉口附近，一栋栋的办公大楼拔地而起，它们很快就蚕食掉了附近比较低矮的建筑，以及一个绚烂多彩的历史街区，那里曾是人们享受夜生活的地方。这三个区域地图显示了几种不同尺度的城市形态；而由于城市形态的尺度不同，当地的微气候条件也有所不同。相较于两侧耸立着高楼大厦的街道，那些两侧布置着 4 层楼高建筑的街道更加舒适。实验室针对三个区域建立了大型模型，用来分析阴影与风洞效应。

风洞研究验证了其他城市的测量结果是正确的。20.12 米宽的街道两侧分布着 4 层楼高的建筑物，为人们提供了遮蔽。在这样的街道上，风的强度只有旷野地区的 25%~50%。例如，在多伦多约克维尔区贝尔艾尔街（Bel Air Street）交叉口附近的约克维尔大道上，平均风

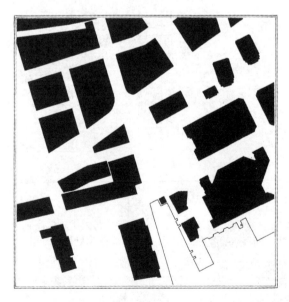

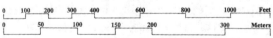

现有状况（1990 年）和提议的建筑占地位置，湖滨区

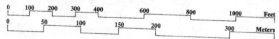

既有建筑的占地状况，市中心以东区域

速是城市以外开阔乡村气象站监测到风速的四分之一到一半；这一比例适用于所有的风向。在这条街上，两侧的建筑物很少有超过4层的。

　　这个十字路口以东的两个街区，靠近布洛尔街（Bloor Street）和永格街（Yonge Street），这里的风速比气象站测量到的风速高94%~150%。在这个街角处，西北风在高楼之间变得更加凛冽了，之后又向下转至布洛尔街的人行道，使行人感到非常寒冷，而且逆风行走是相当吃力的。在布洛尔街的这段人行道上，时速为12.88千米的温和风——这是气象站测量到的数据——会加速到每小时19.20千米，而这样的风速会使雨水横泼，扬起灰尘和纸张，吹乱人们的头发。如果气象站测量到的风速超过了每小时32.19千米，在寒冷的冬季就会出现这样的情况，行人在这条街上行走非常困难，因为这一区域的平均风速达到每小时48.28千米，其中还夹杂着每小时64.37千米的阵风，这样的强度通

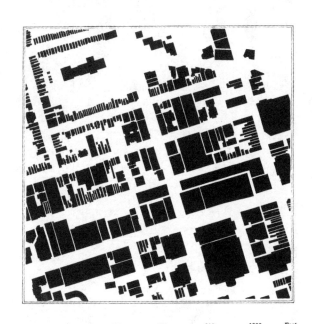

既有建筑的占地状况，市中心区以及约克维尔
（Yorkville）区

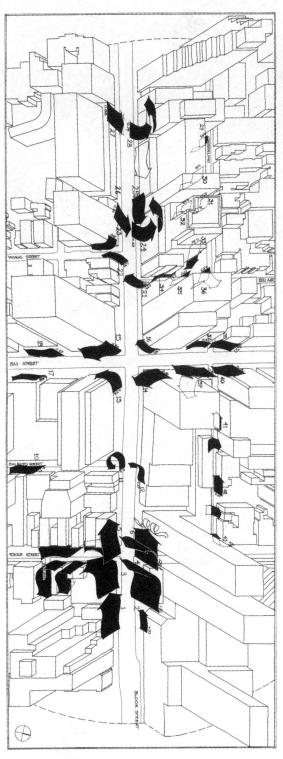

现有条件下沿布洛尔街的风速状况

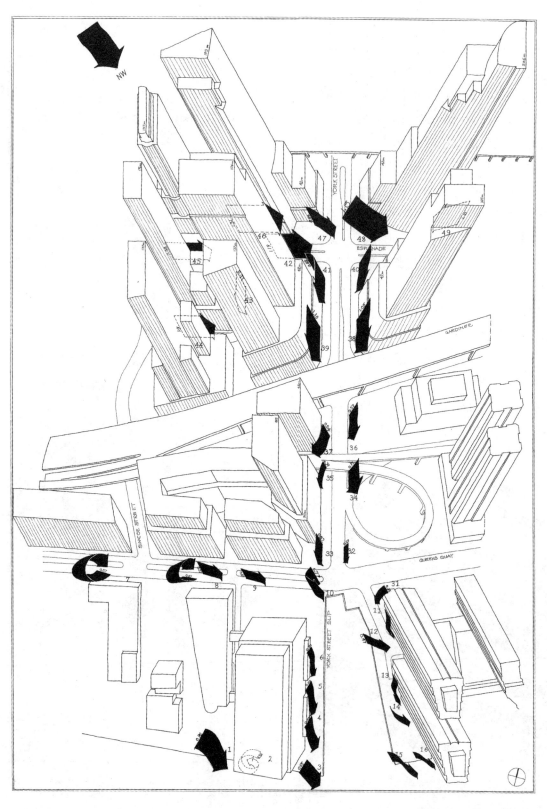

在可能的发展条件下，湖滨区域的风速状况

常被认为是不安全的风速标准。[9]

尽管北美地区的防风标准确立的时间还很短，但已经建立起了模型，以便对这些标准进行发展完善。[10]如果能够始终如一地贯彻这些标准，它们将会改变城市的形态，突然拔地而起的高层建筑就会变少。一般来说，建筑物的高度会沿着周围社区到市中心区的方向逐渐增高。总体来说，市中心区建筑物的轮廓线就像一座小山，类似于旧金山市的形态，最高的建筑位于最核心的位置。毗邻高层建筑区，附近建筑物允许的最大高度应该小于高层建筑区最大允许高度的一半。

环境模拟实验室在旧金山和纽约市进行的风洞试验，在多伦多市三个区域的测试中得到了验证。对城市设计师来说，这些实验很有价值。但是在市区实际的环境中，密集的高层建筑很少有机会建造在一片空旷的土地上。在大多数城市，高层建筑都是分散在低层建筑当中的。

任何一条特定人行道的风、阳光、湿度和温度水平，都可以通过天气记录、对特定时间建筑物所产生阴影的计算，以及风洞测量进行预测。要想将这种预测同人类的舒适度联系起来，就需要综合考虑人们的活动水平和衣着情况，以及他们在户外度过的时间。掌握了这些资料，就可以利用一种人体对环境的热反应计算机模型来测算舒适性的概率，该模型可以针对任何给定的时间，预测人类感到舒适还是不舒适。[11]举例来说，通过这样的计算，可以预测出在一个阳光明媚的春日午餐时间，一个穿着西装的人在贝尔艾尔大街附近的约克维尔大道人行道上散步时的热舒适性。当地气象站侦测到的气温为63℉（17℃），湿度适中，为55%，西风时速为80.47千米，根据人行道风洞测试显示的风速为12.87千米/小时，相当

于气象站侦测值（32.19千米/小时）的40%。在这样的环境下，一个人穿西装走路会很舒服。

同样一个行人走在一条人行道上，只是这条人行道的两侧排布的不是4层楼高的建筑物，而是两栋高层的塔楼，那么建筑的阴影会投射在人行道上；风洞测试显示，这两座高层塔楼的存在将会使西北风加速到35.41千米/小时。就算温度、湿度、活动水平和衣着都保持不变，行人也会感到寒冷，即便多穿一件衣服也还会感觉不够舒适。研究人员在每一个季节的所有午餐时间都重复进行这样的测算，由此就能推算出行人可能感到舒适或不舒适的时间百分比。

研究建筑物对多伦多气候影响的方法包括：建立既有建筑和可能开发项目的模型进行风洞试验，以及建立人体温度调节系统的数学模型。在这项研究中，有一个重要的步骤就是编制季节性地图，标出已经进行过风洞测试和舒适度测试的确切位置。研究团队对这些地图进行了分析，然后再对模型进行调整，以显示出选定地点在现行规划控制下可能的发展。工作人员针对模型的相同位置反复进行测量与分析。随后，研究团队又对一系列未来的建筑进行了建模，这些新建筑由街道红线向后退缩了一定的距离，如此就降低了人行道上的风速，并使街道和开放空间接受到阳光的直接照射。他们对重新配置的建筑再次进行了风洞测试，模拟人类感到舒适的环境条件，将新的结果绘制成地图，并将现有条件同两种可能出现的未来状况进行对比。通过这些地图，研究人员能够更仔细地分析所有影响舒适度的变量，并筛选出哪些变量对舒适度产生更显著的影响。

举例来说，冬季的阳光是有益的，但还是无法为行人带来足够的温暖；即便是日照充足的人行道，也仍然需要保护，免受强风的侵袭。

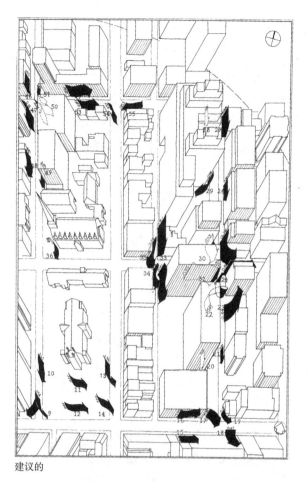 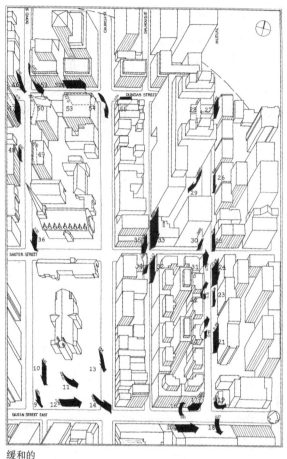

建议的   缓和的

市中心以东地区的风速地图，左图是在潜能开发状态下，右图是在缓和开发状态下

在冬季，对衣着暖和、精力充沛的行人来说，这种有遮蔽的人行道通常也是比较舒适的。在春秋两季，人们在人行道散步或是坐在户外的长椅上，只有当阳光直接照射在身上时才会觉得舒适，很显然，阳光直接照射就是影响多伦多舒适度的主要变量。

在研究了气候和其他变量对曼哈顿市区居民户外活动的影响之后，威廉·怀特（William Whyte）在他的影片《小城市空间的社会生活》（The Social Life of Small Urban Spaces）中这样总结道："这可不是个理智的突发事件。"尽管在多伦多，当被问及对这项研究的看法时，人们可能会认为建立模型与绘制地图费力耗时，但这项工作确实具有明显的好处。透过这些资料，实验室的研究团队可以预测出新的建筑将会如何改变当地的微气候条件，或是产生怎样的累加效应。一名政治家对城市总体规划方案的修订进行投票，是将建筑物的高度限制提高还是降低，将建筑物占地面积扩大还是缩小，由此就能理解气候条件的影响。模型和地图已经变成了多伦多市中心区规划的设计工具。

多伦多一年四季都有舒适的街道。市中心区的很多街道都很舒适，但金融区街道的舒适度却差强人意。原铁路场区提案的高层建筑中，甚至有比多伦多市中心区占地规模更大的板楼。无论是在效果图还是模型上，提案的建筑物都让人们联想到兴建于20世纪20年代的国王街（King Street）帝国商业银行（Imperial Bank of Commerce）的那些高楼大厦。然而事实上，原铁路场区提案的建筑比前者还要高得多，也笨重得多。

模型显示，为了保证该区域街道的舒适性，每栋建筑的总建筑面积不得超过地块面积的15倍，确切的说应该是10倍——不得超过地块面积的12倍。将建筑物的体量缩小，这样的建筑设计使得人行道上可能不再产生强风。此外，还要考虑到市中心和湖滨之间的区域属于大型城市街区，高层塔楼的造型必须要保障在每年3月至9月的正午时分，所有街道至少有一侧的人行道可以接受到三个小时的阳光照射。

环境模拟实验室建立的模型有助于确定建筑物的高度限制和体量控制。[12] 研究团队建议，每年从3月到9月，新建筑的允许高度要确保

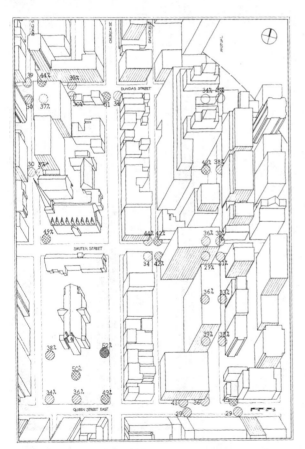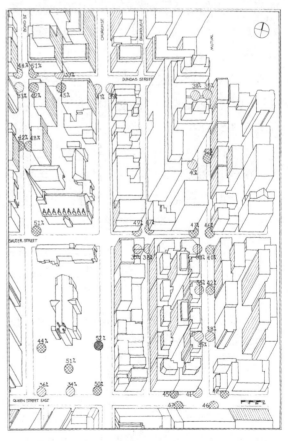

市中心以东区域的舒适性地图，分别为在潜能开发（左图）和缓和开发（右图）下的状态。小圆圈内的填充线代表在一个典型的春日里，舒适度可以持续的时间百分比。填充线的颜色越深，代表舒适持续的时间越长

街道每天可获得 3 小时、5 小时或 7 小时的日照。在多伦多市中心的商业街，每天获得 3 小时的日照是确保舒适度的最低限度。在市中心的其他地区，所有主要的步行街、购物街、历史街区或旅游区，建议每天拥有的日照时间为 5 小时。最后，所有位于市中心边缘的住宅街区，都建议每天要拥有 7 小时的日照时间。以上这三个时间段的测量都是集中在 9 月 21 日的中午时分。举例来说，一栋坐落于 20.12 米宽、南北向大街上的建筑物，其沿街立面高度为 27.43 米；超过这个高度以上的楼层，应该要以 60° 角的斜率向后退缩。沿着 30.48 米宽街道布置的建筑物，它的沿街立面限制高度将上升到 37.80 米。

即便通过图解表示出来，这些尺度还是很抽象。在规划专员、市议会成员和资深城市规划人员准备公开推广建筑物高度限制的变化之前，他们必须要先看到有关拟议变化的"视觉证据"。利用计算机建模技术，研究人员将风洞试验中所使用的模型视图同描绘现有街道状况的视图结合在一起。首次展示的模拟街景引起了不小的轰动。很少有人能够想象，站在为之前的铁路场区提议的一条街道上，看一看在最近协商的规划控制下，未来的开发会是什么样子的。在观看过模拟街景之后，规划人员赶忙计算出建筑容积率，并核查了建筑的高度。结果证明，实验室研究团队制作的模型是准确的。

对多伦多市中心北部地区的模拟显示，在两条主要大街的交汇处有一大片土地。在这片基地上，要兴建一栋体量为地块面积 8 倍的建筑物，这栋建筑物拟议的造型有两种：分别是依现有规划控制下的造型和缓和开发的造型。一般来说，缓和设计的建筑物——也就是说，建筑物可以遮挡人行道上的风和保持阳光——

其街墙的高度可能略高一些，而高层塔楼的部分则可能比较低。因此在这一地区，大块基地上的建筑物容积率可以达到允许值，而小块基地上的建筑物则达不到。

在对分析结果进行研究之后，多伦多市的规划人员建议，应该对建筑物的高度限制和体量控制进行修正。多伦多有些地区的允许建筑高度为 28.35 米，还有些地区的允许建筑高度比 28.35 米更高一些，而规划人员提出的法规修正建议对前者的影响相对较小。同样，相较于允许容积率比较高的地区，允许容积率为地块面积 4~6 倍的地区受到的影响也是相对较小的。

这项研究于 1990 年 12 月完成。多伦多市

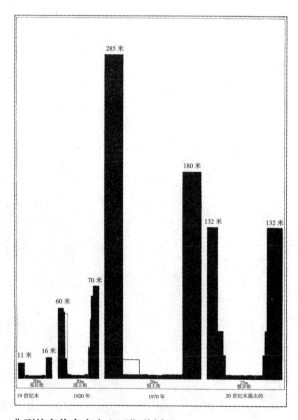

典型的多伦多市中心区街道剖面

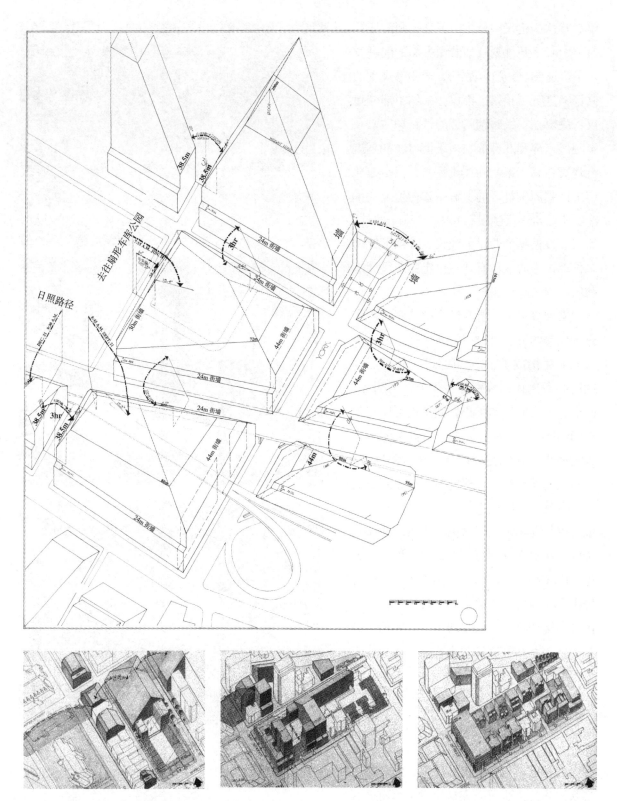

舒适性控制和允许的建筑物高度指标。顶图：湖滨区域；下图从左到右分别是：市中心以东地区、市中心区、市中心区可能的建筑配置

议会就这些建议举行了听证会，同时还针对市中心区新规划其他若干方面的问题举行了听证会。1993 年春天，对整体规划的修订案进行了投票，市议会采纳了部分建议，决定在安大略湖附近的铁路场区以及金融区东部和北部的很多条街道，都不进行建筑物高度限制和体量控制，但是在从市中区到周围社区的所有主要街道上，都要实施建筑物高度限制和体量控制。此外，市议会还根据实验室的建议，采纳了针对多伦多市中心区所有地点设定的防风标准和风洞测试结果。

来到多伦多的游客都会被这座城市中很多优美的社区所吸引。社区街道两侧成熟的大树构成了一个"屋顶"，改善了区域内的微气候，特别是在夏天尤为明显。而沿着市中心区的街道，其实也可以实现相同的效果。[13] 在春秋两季，树木的叶子比较稀少，人们需要阳光以获得舒适感，这时阳光就可以透过树叶直接照射到街道上。在夏季，多伦多人可以在阳光下行走，也可以待在阴凉处，这取决于当时的天气条件。在宽阔的人行道上，比如说大学大道（University Avenue），沿路可以种植两排树木。即使在炎热潮湿的日子里，在一排排高达的枫木下散步或坐下小憩都会非常舒服，而在阴凉和阳光充足之地的热交换也会产生微微的凉风。

沿着原铁路场区新建的商业街人行道平行设置的拱廊，不仅可以遮挡雨雪，还为行人提供了除地下通道以外的另一种选择。人行道可以设置得足够宽，这样那些喜欢阳光的人也可以在这里行走，而拱廊则吸引了很多到户外餐厅就餐的人们。铁路场区和沿湖布置的高密度住宅楼、办公

前铁路场区的视觉模拟图。从上至下：现有（1990 年）状况；潜能开发下的状况；缓和开发下的状况

大楼、全市最大规模的体育设施，以及主要的通勤铁路枢纽站——所有这些都为湖滨附近的人行道带来大量的行人。对于一个一年四季都有街道的城市设计来说，这可能就是个机会。

若想确定一座城市的物理尺度，就要以城市形态的原则为基础：城市为人们提供庇护，由此才能进行经济、文化以及社会活动，无论是私人活动还是公共活动都包含在内。多伦多的工作有助于定义如何在不对街面层的气候造成不利影响的前提下，进行高层与大型建筑的建设与开发。多伦多的政府官员不可能接受有可能威胁该市经济福祉的规定，这一点同其他城市都是一样的。但现在，地方长官和市议会的成员们应该已经明白了，这些更高更大的建筑物有可能损害街道的舒适度。他们也将明白，多伦多地下隧道网络（或是其他北方城市的空中走廊）的成本将是非常高昂的，这些设施只有在交通最繁忙的线路上设置才算得上合情合理。由于这些以统计和推断为基础进行的经济预测讨论所使用的都是官方习惯的系统术语，所以市议会的成员认识到了舒适度控制的重要性，而他们最终是有能力限制私人产业开发的人。

多伦多这个城市已经通过协商的开发项目一个接一个，很少有规划人员还记得建筑高度与密度限制的基本原理；但是，人们从城市的自然气候中获得了一个基本原理，它可以成为一种一致性公共认识的基础，即多伦多的市中心区究竟应该是什么样子的。

布洛尔街（Bloor Streets）和永格街（Yonge Streets）的视觉模拟图。从上至下：现有（1990 年）状况；潜能开发下的状况；缓和开发下的状况

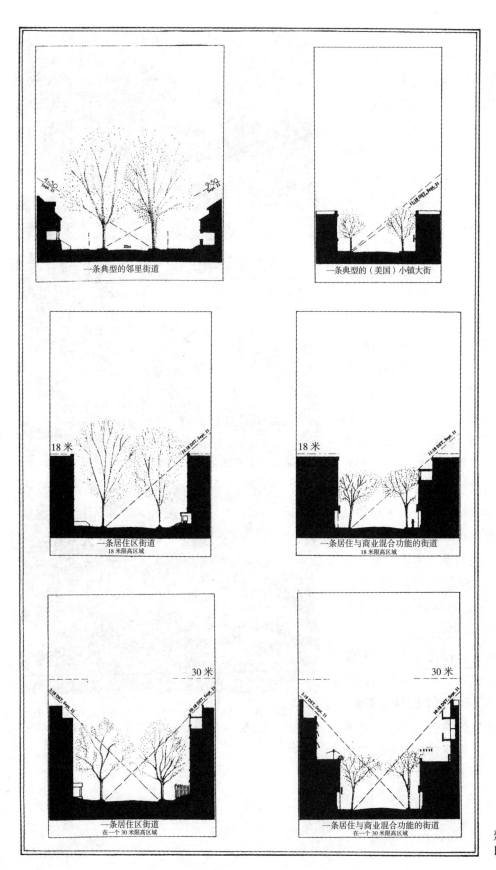

一条典型的邻里街道

一条典型的（美国）小镇大街

一条居住区街道
18米限高区域

一条居住与商业混合功能的街道
18米限高区域

一条居住区街道
在一个30米限高区域

一条居住与商业混合功能的街道
在一个30米限高区域

建筑高度在30米及
以下的典型街道截面

第三部分

现实性与现实主义

当然了，这个问题由来已久，就像柏拉图洞穴的阴影一样古老。可它还是不断被重新提出来，是因为我们对任何现实性的定义及其派生出来的规则都感到不安。
——卡洛斯·富恩特斯（Carlos Fuentes），"委拉斯开兹，柏拉图的洞穴，以及贝蒂·戴维斯"（Velasquez, Plato's Cave, and Bette Davis）

1786年秋天，约翰·沃尔夫冈·冯·歌德①辞去了魏玛（Weimar）宫廷的行政职务，前往意大利，希望从古代伟大的作品中寻求灵感。尽管他对于文学传统有很深的了解，但却无法将它们同自己的亲身经历结合起来。在250年前，安德烈·帕拉第奥（Andrea Palladio）也曾因类似原因到意大利和普罗旺斯（Provence）游历。在旅途中，帕拉第奥准备了《建筑四书》（Quattro libri）的一些图纸。歌德和帕拉第奥都相信，如果他们能够亲眼看到古代的建筑，就会理解古罗马的"权利与道德的力量"。[1]

一到维琴察（Vicenza），歌德马上就寻找安德烈·帕拉第奥的建筑，并且毫不费力就找到了。他尤其欣赏奥林匹克剧院（Teatro Olimpico）和圆顶大教堂（Villa Rotunda）这两栋建筑。歌德得到了一本"几个铜板价的小书（帕拉第奥式的绘本），出自某位艺术家之手"，他仔细研读了这本书。"你必须亲眼看到帕拉第奥的作品，才能意识到它们有多棒。帕拉第奥的设计充分体现了尺度的和谐，这是任何复制品都无法企及的：这些作品必须要以真实的视角来欣赏。"[2]还是在维琴察，歌德从当地一位名叫斯卡莫齐（Scamozzi）的建筑师那里买

到了另一本关于帕拉第奥的书，书中展示了帕拉第奥为自己修建的别墅图纸。歌德对规划与现实之间的差别再一次进行了评价："它实际的样子，远比一个人通过图纸可以想象到的复杂得多。"[3]在帕多瓦（Padua），歌德发现并购买了一本帕拉第奥英文版的《建筑四书》，上面还有铜版雕刻画。为了一睹帕拉第奥救世主教堂（Il Redentore）的风采，歌德带着导游手册和帕拉第奥作品的绘本，前往威尼斯。

旅行继续，歌德又来到了意大利的阿西西（Assisi），希望能找到密涅瓦神庙（Temple of Minerva），这栋建筑可以追溯到奥古斯都（Augustus）时期，是帕拉第奥非常珍视的一个作品。据说这栋建筑保存得很好，从基督教早期开始就一直作为圣母玛利亚·德拉·密涅瓦（Madonna della Minerva）教堂使用。当他终于找到这栋建筑的时候，歌德写道："你瞧！它就矗立在那里，这是我见到的第一座完整的古典纪念碑。这是一座朴实的庙宇，刚好适合这样一个小镇，然而，它的设计是如此完美，可以放在任何地方作为装饰。"[4]

尽管歌德在描写神庙的古典建筑时充满了敬畏，但当他将神庙同帕拉第奥的表现图进行对比时却指出，"被公认的传统很少是可信的。帕拉第奥，我曾深深信赖的人，绘制了一幅这座神庙的草图，但他却无法亲眼看到，由于在地面上设置了一个基座，所以使柱列变得不成比例地高耸，整体看起来就像一个棕榈树模样的怪物，而不像原来构想的那般美好。"[5]

今天，来到阿西西的游客站在密涅瓦神庙前，也一定会赞同歌德的观点。帕拉第奥所绘制的神庙比例和尺度，同它现实的模样是不同的。经过考古挖掘已经确定，神庙正前方的地面层从罗马时期到现在都没有改变过，同时也没有任何记载可以解释帕拉第奥对神庙山墙部

① Johann Wolfgang von Goethe，德国著名思想家。——译者注

安德烈·帕拉第奥，密涅瓦神庙，（英国）皇家建筑师学会（RIBA），帕拉第奥 15 $\frac{1}{9}$ 米，42.9 厘米 ×
20.1 厘米。© 英国皇家建筑师学会，伦敦

一名步行者从南面接近密涅瓦神庙

分的修改。的确，自 19 世纪初以来，已经有很多位学者——其中最近的一位是历史学家海因茨·施皮尔曼（Heinz Spielmann）[6]——都证实了歌德所观察到的问题。施皮尔曼发现，事实上，无论是帕拉第奥绘制的平面图还是立面图，都与实际情况存在着出入。举例来说，三角形山墙的高度与过梁之上山墙的长度之比，在帕拉第奥的绘画中是 1：4，而实际上却是 1：3。此外，帕拉第奥绘制的神庙高度与宽度相等，但实际上，神庙的宽度是高度的 1.5 倍。周围的柱廊、柱子的尺寸，以及其他立面细节的比例都与图纸存在着差异，因此，帕拉第奥所绘制的雄伟壮观的建筑物，并不像歌德所看到的"那么可爱"。

施皮尔曼将帕拉第奥绘制的其他建筑物的图片，同现存的断壁残垣进行对比之后，将帕拉第奥的作品描述为"他渴望在罗马古建筑中找到的柏拉图式的投影。"[7]帕拉第奥没有复制古代经典的模型，而是用自己的知识建立起了一个理想的建筑体系，这是近代第一次形成关于建筑造型的普遍性与一致性的理论。但是，他却从来没有解释过，他是根据自己的建筑体系重新创造了密涅瓦神庙。歌德要寻找的是现

实性，或者至少是对奥古斯都时期古罗马建筑真实的表现，因此，他难免要失望了。

歌德遇到了一个很常见的问题：一位建筑形象的缔造者会故意扭曲事实，其中的原因往往并不是从表面上可以解释的。正如评论家查尔斯·詹克斯（Charles Jencks）所写的："建筑师的表述与建筑之间的矛盾已经达到了令人印象深刻的程度。从某种程度上说，这种情况甚至有些滑稽。除了建筑师本人以外，其他所有人都能清清楚楚地看到这种矛盾。这种状况可以说是可悲的，因为建筑师似乎并没有什么意愿减少这一差异。"[8]

如果没有实地亲眼看看的话，我会得出结论，认为帕拉第奥的想象美化了神庙的比例。根据帕拉第奥的观点，他的比例其实是有现实依据的。歌德和帕拉第奥一样（今天的游客也是一样），都是从东南或西南方向接近密涅瓦神庙的。自罗马时代以来，这座神庙一直都坐落在城镇的广场上。由于阿西西的地势位于一个陡峭的斜坡上，所以广场又长又窄，通向广场的两条路就像两条坡道一样，连通到广场比较狭窄的两侧。如果帕拉第奥和歌德从西南方向进入广场，那么神庙就会突然出现在广场的

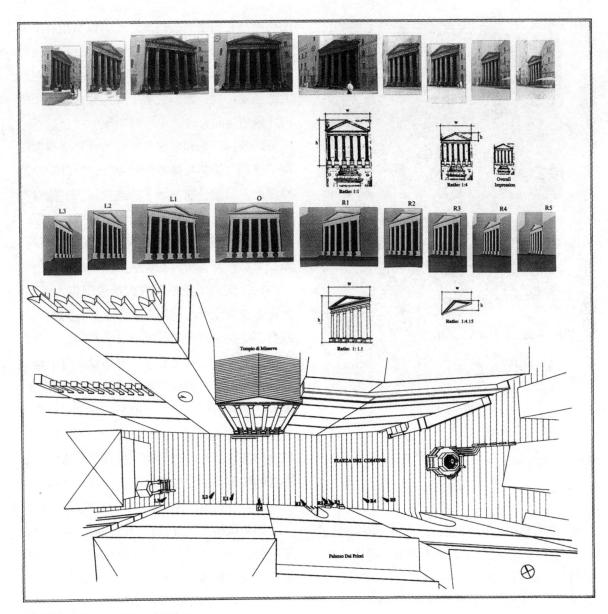

阿西西主广场的平面图，城镇广场

斜角方向上。而如果从东南方向接近广场，他们就能更早看到神庙，但依然是在对角线的方向。无论如何，第一次看到这栋建筑的游客必定赞同歌德的观点，即"刚好适合这样的一个小镇，然而，它的设计是如此的完美，可以放在任何地方作为装饰。"

知道了歌德对帕拉第奥绘画的反应之后，我开始对他的判断产生了质疑。神庙的比例是相对于广场中的位置而言的，也就是从什么地方观察神庙。从没有人见过神庙的轴测图，帕拉第奥绘制的是神庙的正立面（其比例就是他在自己的别墅设计中所运用的经典比例）。为了获得正立面对面的轴侧视图，我不得不走进一家小咖啡馆，但即便是这样，我还是因为距离神庙太近而无法一眼看到整个立面的全貌。神庙所在的广场实在太窄了。根据在广场位置

密涅瓦神庙的台阶

的不同，我对神庙的比例也会产生不同的感觉。事实上，站在广场的某些地方观看，神庙的高度和宽度确实是相同的，三角形山墙的高度与宽度比也的确是 1：4，就像帕拉第奥画的那样。从另一个接近神庙的地方观看，中央两根立柱

的高度与它们之间的距离之比，也与帕拉第奥的绘画相吻合。游客越靠近神庙，就越失去对整体外观的感觉。神庙变得太大了；由于它巨大的外观尺度，人们失去了对部分在整体中所占比例的判断。

阿西西广场和密涅瓦神庙的计算机模型解决了歌德关于帕拉第奥的问题：建筑师在绘制神庙的罗马设计时展示了高超的技巧，他对神庙进行了调整，以展示自己对于优秀建筑形式的新理论。但是，我们并没有证据可以证明，帕拉第奥在调整密涅瓦神庙的尺度以实现他的目的时，使用了模型研究或透视图作为辅助。无论帕拉第奥所绘制的立面图有多么的抽象与概括，他应该对神庙的外形尺寸很清楚，并且应该了解人们对它会有怎样的感受。对于现实性与现实主义，阿西西的例子就是一个恰当的引言，因为它们二者之间的关系就是以局限性与矛盾性为特征的。思考这二者之间的关系，就是思考人类思维的运作。尽管很多历史学家都将帕拉第奥的思想同理性的设计方法联系在一起，但很显然，他同时也是一位经验主义者。

如果说帕拉第奥是正确的，那么歌德也是正确的。在阿西西，立柱基座之间的台阶优雅地将寺庙与地面连接起来，它们在视觉上是很重要的元素，但是在帕拉第奥的"新"秩序中却几乎没有用到过它们。

第7章
场所体验的表征

我一直以来所描述的视觉表征是对构造和自然形态的再创造，由此，图像就可以被人们体验为现实世界的替代品——它就是现实世界的样子，就是现实世界可能会呈现出来的样子。我们的目的就是创建图像，使观察者透过这些图像，就像在真实世界的相同环境里那样获取信息。但是，对一个场所的体验只有一部分能表现出来——而表现的本身很容易突出设计与现实之间的距离。理想状态下，关于一个场所的所有相关决策都应该在拟议建设的现场制定；但实际上，大型建筑或规划项目的设计通常都是在远离基地现场的地方决定的：在设计团队的工作室，在客户或政府与金融机构的会议室，或是在一个类似于法庭的场所举行听证会期间，民众对一项设计案或规划案进行投票。

本章讨论了实现良好的视觉表征所存在的一些技术限制，特别关注了以下的几个问题：适当的图像观看距离；空间中实际尺寸的表现；颜色、形状和质感的表现；以及运动的表现。前面两个主题最好借助于欧几里得几何学来解释；而第三个和第四个主题则将物理定律应用到了艺术领域当中。

观看图像

通过伯鲁乃列斯基在佛罗伦萨洗礼堂画作的实验表明，他知道如何通过控制镜子和绘画之间的距离传达出图像与现实之间的对应关系（参见第1章）。如果将镜子拿得远一些，一个人从画面后方的洞向外看，那么他就会判断出画面中洗礼堂和大教堂之间的距离比实际距离要大。同样，如果把镜子拿到很近的地方就会产生相反的效果：洗礼堂会显得比实际更大，而它前面的空间则会变得比实际的更窄。图片整体的尺寸和视角决定了伯鲁乃列斯基放置镜子的位置。人们普遍认为，光学镜头会导致画面中物体的外形尺寸发生扭曲；视角越宽，这种扭曲变形就越明显。同样，伯鲁乃列斯基在二维平面上利用他惯用的线性透视法表现三维的世界，也一样会导致变形，无论是在升降电视屏幕还是计算机显示器上，失真的情况都是不可避免的。

如果一部配备了可调变焦镜头的35毫米相机聚焦于一个对象，要想使透过取景器看到画面的尺寸和距离都与人眼所看到的真实场景完全相同，可调变焦镜头上的刻度环就要调到焦距为62~65毫米之间。在这个焦距状态下，水平方向的视角约为27°~30°。这样狭窄的视角就相当于将眼睛聚焦于一个对象时的视角。如果头部保持静止不动，而眼睛在一个场景中来回移动的话，那么事实上所获得的视野是比较宽的，类似于使用35毫米的焦距所捕捉到的画面。如果将变焦镜头的焦距调节到35毫米，那么相较于真实的场景，取景器中所显示的画面会显得更远、更小。如果将这些近焦距和远焦距拍摄的照片都以同样的尺寸打印出来，任何一个对真实场景还有印象的人都会得

视角（水平测量：H；垂直测量：V）

镜头焦距（单位：毫米）	相机形式								
	1/2" Video		2/3" Video		16mm		35mm		60mm
	H	V	H	V	H	V	H	V	H7V
12	37	28	57	45	45	35	113	90	136
15	30	23	47	37	37	28	100	77	127
20	23	17	36	28	28	21	84	62	113
25	18	14	29	23	23	17	72	51	100
28	16	12	26	20	20	15	65	46	94
35	13	10	21	16	16	12	54	38	81
44	10	8	17	13	13	10	44	31	69
50	9	7	15	11	11	9	40	27	62
60	8	6	12	10	10	7	33	23	53
70	7	5	11	8	8	6	29	19	46
80	6	4	9	7	7	5	25	17	41
100	5	3	7	6	6	4	20	14	33
150	3	2	5	4	4	3	14	9	23
200	2	2	4	3	3	2	10	7	17

观看图像的距离（适用于使用 35 毫米相机拍摄的图像，测量单位为英寸和厘米）

图像宽度		镜头焦距												
		20mm		28mm		35mm		50mm		65mm		80mm		100mm	
1	2.54	0.56	1.40	0.78	1.98	0.97	2.46	1.39	3.53	1.81	4.59	2.22	5.60	2.78	7.06
5	12.70	3	7.62	4	10.16	5	12.70	7	17.78	9	22.86	11	27.94	14	35.56
6	15.24	3	7.62	5	12.70	6	15.24	8	20.32	11	27.94	13	33.02	17	43.18
8	20.32	4	10.16	6	15.24	8	20.32	11	27.94	14	35.56	18	45.72	22	55.88
10	25.40	6	15.24	8	20.32	10	25.40	14	35.56	18	45.72	22	55.88	28	71.12
14	35.56	8	20.32	11	27.94	14	35.56	19	48.26	25	63.50	31	78.74	39	99.06
18	45.72	10	25.40	14	35.56	18	45.72	25	63.50	33	83.82	40	101.60	50	127.00
24	60.96	13	33.02	19	48.26	23	58.42	33	83.82	43	109.22	53	134.62	67	170.18
36	91.44	20	50.80	28	71.12	35	88.90	50	127.00	65	165.10	80	203.20	100	254.00
50	127.00	28	71.12	39	99.06	49	124.46	69	175.26	90	228.60	111	281.94	139	353.06
100	254.00	56	142.24	78	198.12	97	246.38	139	353.06	181	459.74	222	563.88	278	706.12

用于确定各种形式相机的视角，以及确定正确观看距离的表格。这些表格的创建者为加利福尼亚大学伯克利分校环境模拟实验室的凯文·吉尔森（Kevin Gilson）

With Future Development

照片展示拟建的电视城大厦高 593.14 米，拍摄地点距离建筑物 396.24 米，红线表示正常视野的上限

出这样的结论，即每一幅照片都必须要从一个合适的距离观看，近焦距（35 毫米）拍摄的照片要离近一些观看，而远焦距（65 毫米）拍摄的照片则要离远一些观看。无论在哪种情况下，人们在观看照片的时候都要使"物体与眼睛之间的夹角等同于物体与镜头之间的夹角。"[1]

举例来说，将镜头调节到 35 毫米焦距拍摄的 34 毫米底片，冲印放大为 254 毫米（水平方向尺寸）的照片，这张照片一定要从 254 毫米的距离观看。而同样尺寸的照片，如果拍摄时的焦距为 65 毫米，那么就必须从 457.20 毫米的距离观看。从 254 毫米的距离观看，第一张照片是无法一眼看清全貌的。而如果观察者将照片移动到比较远的距离观看全景，那么

视角就会发生扭曲。如果一个人从 254 毫米的距离观看照片，那么他的眼睛就会在场景中来回移动，之后向上聚焦在照片的顶部。眼睛的移动就等同于一个人站到了拍摄照片的地方。目光向上移动是很重要的，它会使观察者感受到物体相对于自己的尺度。

在线性透视中，所谓正确观看距离的概念是很麻烦的，因为在现实生活中，比如说在观看电视或电脑屏幕的时候[2]，是不可能出现这种观看距离的——事实上，这样的距离是没有办法观看的。所以，正如一项实验所证明的，我们对于物体尺寸与规模的判断或许并不是正确的。伯克利模拟实验室对曼哈顿上西区（Upper West Side）拟建的 593.14 米高的电视

从阿姆斯特丹住宅区的一个运动场上，看向拟建电视城大厦（距离 396.24 米）的六幅图片。第一幅图片为水平向观看的效果，后面每幅图片都依次抬高 15° 的视角

城大厦（Television City Tower），以及周边社区和中央公园（Central Park）的建筑群制作了一套比例模型，展示了当新建筑的高度超过周围所有建筑时会是什么样子。而在电子合成的照片中，这栋建筑却显得低很多。

专业摄影师都知道，如果在所拍摄的影像中纳入一系列的参照点，从前景到中景再到背景，那么他们就可以获得一个真实的视角。然而，高层建筑却没有这样的参照点：围绕它们的只有无际的天空。在拟建大厦的照片中，观测者的观看距离受到了严格控制。为公开展览订制的大型宣传照片安装在与眼睛相同的高度上，并且每幅照片上都压上了一条水平的红线，提醒人们如果没有将眼睛向上移动，有时甚至还需要抬头，这样的高楼大厦是不可能尽收眼底的。一个人如果想从 1 英里以外的中央公园中间看到这栋建筑，需要将头抬高大约 10°。如果想从建筑物底部附近的运动场观看，需要将头上仰 75°。如果没有这条标志视野上限的辅助线，这些照片就会给人以误导的感觉。

红线的应用也为美学理论家汉斯·梅尔滕斯（Hans Maertens）的著作提供了依据。梅尔滕斯在 1877 年"发表了一系列规则，说明建筑物或纪念碑相对于其周围环境合适的尺度"。[3] 梅尔滕斯以物理学家赫尔曼·赫姆霍尔兹（Hermann Helmholtz）的实验为基础开发了一套表格，说明了"一栋建筑物应该如何放置"，以便使观察者到建筑物的距离等同于建筑物超过眼睛以上的高度。根据梅尔滕斯的理论，45° 的视角最适合观察细部，27° 的视角最适合欣赏整栋建筑的全景，而 18° 的视角则最适合观察建筑物所在的环境。

站在中央公园的城堡，距离拟议中的电视城大厦项目大约 1 英里，可以为人们提供 27° 的良好视角，便于观察整栋建筑物。站在

从距离 4525 英尺的中央公园城堡观看拟建电视城大厦的景象

从距离 6175 英尺的船屋餐厅平台观看拟建电视城大厦的景象

船屋餐厅的平台上观看，这里距离塔楼 6175 英尺（塔楼的顶端与水平线夹角为 18°），塔楼不再是视野中绝对的焦点，整个周遭环境全部收入眼底。站在这个位置的观察者已经超出了这个单一建筑物的"视觉范围"；注意力的焦点被吸引到了周遭的树木上。

空间中实际尺寸的表现

伯鲁乃列斯基的线性透视实验标志着视觉表征发展的一个转折点，因为他所绘制的透视图定义了对象在空间中的位置；但这些对象又是如何定义的呢？针对这个问题，历史学家还没有给出最终的答案。就像一些人所认为的那

样，伯鲁乃列斯基可能只是简单地临摹了洗礼堂在镜子中的景象，镜子放置于佛罗伦萨大教堂的主入口处。当他将洗礼堂的轮廓线勾勒出来之后，就可以将这些画面转移到用来作画的木质画板上。

或者，他还可以利用欧几里得证明的几何定律绘制出一张透视图。他可以从一个中心点（他的眼睛）投影出若干线条，而这个中心点被几个平面分割——图纸平面和其他一些平面：外立面、地面和屋顶表面等部分。如果他以这种方式绘制透视图，那么他就必须要测量出所有的平面尺寸和立面尺寸，从而计算出对象的实际尺寸与这些对象在图纸平面上缩小尺寸之间的比例关系。但是，并没有资料显示伯鲁乃列斯基曾经进行过这些测量。

今天，在一个类似于放置镜子的过程中，我们可以通过影印或是投影将建筑物的外轮廓线勾勒出来，或者我们也可以通过洗礼堂周围区域测绘图上的水平和高程信息（平面尺寸与高度）绘制出一幅人视图（eye-level view）。

利用航拍测量法可以获得详细的数据资料，而从这些航拍照片中将数据资料读取出来就可以利用计算机建立模型：建筑物的轮廓线、建筑物檐口的高度和檐口线、屋顶出挑的尺寸、内坎式入口或开窗的尺寸、人行道与路缘石的位置、树干的位置以及树冠覆盖的范围等——简而言之，将一部相机固定在低空飞行的飞机下部，它可以拍摄到所有一切景物。为航拍测量装备的相机镜头朝下，通过两个独立的光学设施支持两套底片同时曝光。

在计算机浏览工具的辅助下，这些照片上任意一个可见点的坐标值都可以同参照点相关联，并生成数字文件记录下来。这些点的数据资料以一定的顺序录入计算机，例如描述屋顶多边形，或是立面，或是一条人行道的转角。

那些被临近物体遮挡住的对象，一般都可以在同一航线或相邻航线针对同一区域的拍摄照片中看到，或者也可以通过详细的地面测量所提供的资料添加进去。

1986年，在《威尼斯·亚特兰蒂斯》（Atlante di Venezia）[4]一书中，对威尼斯历史中心的测量开创并引导了精确而详细的地理信息系统的发展。1982年5月25日那一天，研究人员在海拔1000米的高空沿着14条航线拍摄了一些照片。通过对这些照片上的信息进行读取和数字化，探究人员将这些数据转化成点、线和封闭的多边形图形。之后，这些资料又被组织成建筑单元或空置的单元。通过地面测量，又完成了那些被建筑物遮挡住的窄墙与运河的资料收集。平面测量数据的精准度在±10厘米以内。一旦将这些资料建成数据库，威尼斯的空间分布状况就可以在数字地图上展示了。

对航拍照片的数字化读取还产生了一个副产品，那就是一套全彩色的威尼斯照片地图。[5]在这套照片中，很多屋顶上连单个的瓦片都能看得一清二楚，还有鸽子，以及它们栖息的运河和潟湖沿岸的石子路。其中有一张照片显示的是圣巴拿巴广场（Campo San Barnaba），这个地方就是第3章介绍的步行旅程的起点。

威尼斯地图制作项目的一名参与者评论说，这些照片地图"促使我们反思城市随着时间的推移而发生的变化，无论是突然发生的骤变，还是缓慢而渐进的变化。"[6]然而，她接下来的话却让读者大吃一惊："通过测量得到的地图其实并不客观。"虽然这些照片地图对所有的信息处理都是一样的，无论是重要的建筑物还是城市中其他的建筑元素，照片中所显示出的精度都是相同的，但是这种细致入微的处理对于那些推崇过去的人们来说是一种有力的工具，因为新的作品必须融入其中：

威尼斯圣巴拿巴广场（Campo San Barnaba）（靠近左下角区域）。资料来源：Atlante di Venezia，照片地图。©
Marsilio

但是，权力都希望通过知识来彰显自己，而不是将政策和公共工程置于优先的位置。测绘以及由此而生的地图扩展了都市规划这一学科所涉及的领域，而这个学科一直都在努力明确自己的行动领域，试图同关注于定量方面问题的学科相分离，旨在定义建筑实践、应用和密度的最高标准，而城市艺术学院将整个城市视为一个完整的作品。[7]

规划负责人在《威尼斯·亚特兰蒂斯》一书中写道："面对城市规划及其几十年的运作方式，新的空间城市信息系统并不打算保持中立。"[8]当它提出规划要从其自身表征开始的时候，就

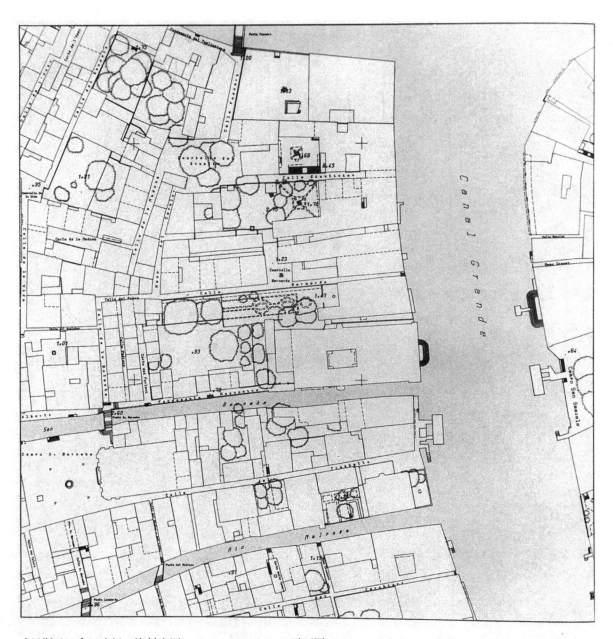

威尼斯圣巴拿巴广场。资料来源：Atlante di Venezio。平面图。© Marsilio

没打算要保持中立。这个新的系统几乎可以做到实时更新，它建议并促进了"对整体的系统化控制，而不再像从前那样对各个部分独立进行核查。"很显然，这项调查是一个有利的工具，因为它"既具有自我意识，又便于核查。"[9]

这种新的表现手法获得了专业人士的青睐。相较于之前的表示技法，这些照片地图（以及成就了它们的计算机数字信息）展现出了更大的能力，可以支持普通市民、学者和支持城市变化的人们之间的对话。同所有现实的表征一样，它们发人深省，并为每个不同的观察者提供了产生不同共鸣的信息。

1986年，研究人员对旧金山进行了航拍勘测。与威尼斯的勘测一样，市中心区域的测量工作在一天（7月26日）之内就完成了，数据被读取保存至描述旧金山市区14个分区的文件中。[10] 这次勘测工作是由旧金山"阳光与遮蔽"（sun-and-shadow）条例的管理者委托进行的（参见第5章）。

数据资料被编写成矢量文件、建筑表现图，以及开放空间的网格文件。展示用的图像以线框或实体表示建筑物，而开放空间则表现为网格，每个单元格为1平方英尺（约0.09平方米）见方。[11] 考虑到这些开放空间存在着一些既有的或潜在的阴影，所以每个1平方英尺见方的单元就是一个基本的单位。旧金山的规划人员与他们威尼斯的同僚们一样，都对为自己的城市建立一个精确的、详细的、可更新的三维数据库的前景充满热情。

新的数据库为旧金山的规划人员增添了更大的力量，但变革的支持者们并没有默不作声地接受这种新的力量。每当应用数据库所产生的调查结果同开发商的利益相悖时，他们就会对计算机建模的准确性提出质疑。在某些案例中，开发商甚至委托建立他们自己的数据库。信息的核实和控制一直都是专业顾问、房地产开发商和市政府热切讨论的话题。数据库和相关的空间城市信息系统都是脆弱的，因为对该系统的更新和维护需要很高的成本，而用于后期维护的资金往往比当初项目启动时的资金更难以获得。在7年的时间里，由于该系统的硬件和软件性能发展过快，已经更新换代了三种不同的计算机操作系统。此外，在旧金山的规划部门，有权限操作该系统的仅有一人。

威尼斯的勘测和旧金山的工作证明了精确的地理信息系统已经引起了人们更大的关注。这些系统将数字化地图和数据库组合在一起，合成可以在地图中显示出来的图形系统。然而，相对于我们的目标，这些详尽的空间信息系统只不过是创建逼真的人视图的第一步。诚然，现在我们可以在威尼斯或旧金山的任何地方选择一个视点和方向，就可以由计算机生成一幅透视图。然而，在这张透视图上所显示的是高度抽象的线、点或空间中的实体。在下一节中，我们将讨论使这些抽象的透视图变成可识别的现实图像所需要的工作。

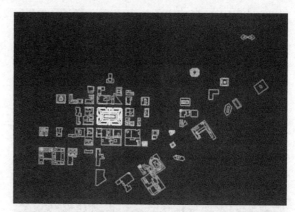

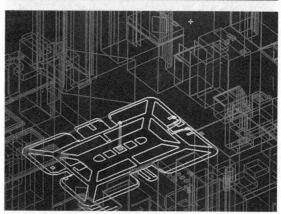

旧金山计算机模型细部

色彩、形状和质感的表现

自伯鲁乃列斯基以来的500年里，画家们开发出了很多种技术的组合，以实现在二维平面表现三维的世界。这些技术包括颜色混合、纹理质感的应用以及造型的色调建模。这些技术的运用就造就了500年的自然主义艺术。

在这一时期，色彩科学与光物理学领域的发现对画家的影响，绝不亚于绘画艺术的发展对科学家的影响。[12]摄影技术发明之后，彩色印刷技术也逐渐成熟起来，很多科学家，包括赫尔曼·冯·赫姆霍尔兹、大卫·布鲁斯特（David Brewster）和奥格登·鲁德（Ogden Rood）在内，都专注于对彩色光的观察。"不同的颜色以线或点的形式一个挨一个放置在一起，当从一定距离观看的时候，这些颜色便通过观察者的眼睛或多或少地混杂在一起，投射在视网膜上，产生出一种新的颜色。"[13]艺术家们并没有在调色板上就将颜色混杂在一起，而是直接使用了一些色彩强烈的颜料，于是第一次（而且符合牛顿理论），他们可以利用光来作画了。

举例来说，"自然界中的草并不是单一的绿色，而是由很多带有黄色、蓝色、红色、紫色和棕色的色调混杂而成的绿色。当这些颜色的点放在一起，然后从远处观看，这种被调和而成的绿色看起来就像是草地的颜色。"[14]以这种方法绘制的画作看起来就好像在颤动、闪光或发亮。每种颜色的饱和度都非常高，但相邻的颜色却都是相互和谐的，各个颜色之间相互影响。艺术史学家马丁·坎普（Martin Kemp）援引了尤金·德拉克罗瓦（Eugène Delacroix）为圣叙尔皮斯教堂（St. Sulpice）绘制的壁画，作为第一幅采用这种技术创作的画作。[15]法国新印象主义大师乔治·修拉（Georges Seurat）在1882年使用这种技法创作了"劳作的农妇"（Farm Women at Work），使这种技法日臻完善。修拉所创造的新技法包含交织在一起的笔触，以及一系列的小点、短线和一些单独的、色彩饱和的笔触。颜色的混合不再是随意的或直觉的。这种新的技法为表现图中所有的色彩效果提供了可以量化的基础，因为这些彩色的点或笔触，它们的位置、颜色和色调全是精准的；这三个变量都可以用数字表示出来。[16]

随着摄影技术的发明，可以将现实的影像捕捉到平面上的光学透镜被人们称为"自然之笔"。"摄影艺术的出现，"英国发明家威廉·亨利·福克斯·塔尔博特（William Henry Fox Talbot）写道："让我们能够将很多微小的细节注入画面当中，使表现更加真实，但是没有哪个艺术家会自找麻烦地忠实复制自然。"[17]在早期的摄影作品中，大自然的色彩都被转化成了单一的色调。而实验物理学的出现，不仅激发了画家德拉克罗瓦（Delacroix）和修拉（Seurat）的创作灵感，同时也为彩色摄影奠定了基础。[18]早在1868年，法国钢琴演奏家路易·杜科斯·杜豪隆（Louis Ducos du Hauron）就申请了色彩处理的专利，这为后来所有的方法奠定了基础。杜科斯·杜豪隆建议使用一块玻璃隔屏，上面覆盖了一些微小的彩色点或线，不再使用传统的透明胶片，而是在胶片上用三原色着色，同一面上分别绘制红色和绿色、蓝色和紫色。

一些人采用了杜科斯·杜豪隆的想法，其中就包含卢米埃尔兄弟（The Lumière brothers），他们于1907年在他们里昂的工厂里，制造出了一种表面上涂有微小马铃薯淀粉颗粒的底片，这些微小的颗粒被染成了绿色、红色和蓝色。再薄薄地涂上感光乳剂。当底片在阳光下经过曝光与二次曝光之后，所产生的幻灯片就出现了修拉"点彩（pointillist）式"绘画的效果。

乔治·修拉，"劳作的农妇"（Farm Women at Work），1882年。© 纽约所罗门·古根海姆博物馆（Solomon Guggenheim Museum）

现代彩色计算机显示器的放大图也能产生同样的效果。像素点就如同点彩绘画上的点一样，可以创造出传统自然主义艺术中的表现形式。投射到表面色彩和质感上的光的方向和强度都是经过计算并表现出来的。但是，制作出来的图像却显得有些矫揉造作。图片上的物体看起来崭新、明亮而富有光泽。

还有另一种方法可以表现城市场景中的色彩、形状和表面质感，那就是摄影。[19] 建筑物的外立面和地面平面图是用一种特殊的透镜拍摄的，这种镜头可以产生正交的图像。摄影师将相机放置在一条垂直于建筑物立面的轴线上，这样，场景中垂直的边缘与取景器中视图框的边缘就是相互平行的。对于那些很长或是很高的建筑，要想记录整个立面就需要拍摄很多张照片。之后用计算机对这些图像——彩色的——进行扫描，并将其转化为数字图像文件（未来，这项工作可能会直接由数位照相机完成，但就目前而言，好品质的专业镜头非常昂贵，以传统方式拍摄的照片效果更好）。

1858 年之前，从巴黎圣母院（Cathedral of Notre-Dame）向东看，就可以看到"比松兄弟"（Bisson frères）的标牌。这对兄弟，哥哥路易斯·奥古斯特·比松（Louis Auguste Bisson）是一名巴黎的建筑师，而弟弟奥古斯特·罗萨利（Auguste Rosalie）是一名纹章画家，他们的作品以数量和高品质闻名法国。1839 年，在达盖尔银版照相法（daguerreotype）发明后不久，他们的父亲就创办了比松父子摄影公司（Bisson Père et Fils）。图中这张照片最初叫作"贝尔西全景"，是以照片左上角大型葡萄酒仓库命名的，它就是贝尔西仓库（Entrepôt de Bercy）。© 蒙特利尔加拿大建筑中心

在必要的时候，可以将多张照片一个接着一个地拼接在一起，这样就可以生成一张单独的照片，表现整个建筑物的立面。图像空间信息系统可以为图像的拼接提供指导。举例来说，从数据库中调取建筑物的线框图，之后再将逼真的质感"贴图"在表示建筑物立面精确尺度的多边形上。当拍摄照片时，那些遮挡住完整建筑立面的对象——停放的车辆、邮箱等——都利用电子技术进行移除，并从数字化图像文件的立面中复制出相应的元素，将其填补到被遮挡住的地方。但是，最终得到的图像只能代表所有收集到资料中的一部分，因为在通过数字化资料生成的图像中，所有的建筑物都站在一块毫无区别的地平面上。

在城市景观中，重要的细节一般都位于前景中显著的位置。数字化图像文件中需要包括地面的纹理、树木、标志、人物、汽车等。所有这些信息都要经过拍照、扫描和建模之后，才能在计算机模型中精确地定位。这项技术也具有经济效益：尽管可以随心所欲地展示出一座城市的人视图——随意选择观察位置、方向和角度，计算机就可以生成完整的图像——但还是需要一些规划。

即便是站在最有利的位置，观察者也只能看到整个模型中的一小部分。换句话说，从观察者的角度来看，可能只有一部分

以点彩式传统表现的计算机图像

的多边形和图像文件是可见的。[20]而且，有些对象出现在很远的地方，而其他一些对象则距离观察者较近。那些远处的物体可以用较低的分辨率来显示（即用比较少的线条或像素）；此外，还可以适当降低远处建筑模型的复杂程度，这样并不会改变整体画面的品质。在计算机科学领域，这些图像渲染中的"捷径"被列为"可见性预计算"（visibility precomputations）之首。程序员在渲染图像之前，会利用计算机估计出从某一个或某几个位置上观看，有哪些多边形和图形文件是可见的，然后就只针对在某个特定观察位置上可见的多边形和图形文件进行渲染。[21]

由于从一个给定的视角观察，并非建筑物所有的面都是可见的，所以计算机模型就像一个舞台布景，只会显示出从一个选定的位置可以看到的建筑物和表面。其他的多边形和经过渲染的表面可以经由其他视图下载。

运动表现

当一个图像用来表现运动的时候，其中所有的对象都是自由的。图像不再是静态的，它将观察者吸引到场景当中，让他们对所有展示出来的内容拥有一种更大的掌控力，因为他们会不由自主地成为画面中的一部分。随着画面的移动，观察者找到自己的方向，进而确定出自己在空间中的位置。新的信息不断显示出来。投射在物体表面上的光也在迅速地变幻。

相对于静态的画面，观察者在观看动态画面时对尺度和比例的判断更为可靠，这是因为物体的相对尺度都是通过较近的物体在较远物体前方旋转或移动而展现出来的。

如果每秒播放很多帧画面，那么运动就会表现得平稳流畅而连贯。例如，视频技术以每秒30张画面的速度显示图像。对于在空间中穿行的画面进行实时显示，需要对不断变化的画面进行快速地重新计算。但是，与电子游戏厅的玩家或飞行训练模拟器的使用者不同，观看城市动态影像的人们并不只是对在空间移动时不要发生碰撞感兴趣。他们与动态影像的互动是各不相同的。他们可能像行人一样缓缓前行，也可能像司机开车一样快速前进；他们可能会停下来四下环顾，锁定在某处细节上，或是对场景进行分析。如果街道两旁排列着行道树，他们可能会判断树冠的大小，或是计算树木的间距或高度。通过在场景当中反复地运动，使他们有机会考虑是否需要做些调整：铺面、街头家具，甚至是街道上的建筑物设计。

其实观察者实时随意在空间中穿梭的能力并不是非常重要的，相对而言，能够从资料库中挑选出合适的对象添加到反复观看的模型当中，这项能力同前者相比要重要得多。他们可能会设定计算机遵循一个脚本，限定出正在调查研究中的设计方案的范围，以及确定它们在屏幕或显示器上显示的时间。这个脚本将会决定表现未来体验的运动顺序——是沿着一条人行道散步，还是斜穿过一个广场。其他的取景方向可以在后期分析中很容易地添加进去；但是，取景方向和运动模式的数量总归是有限的。

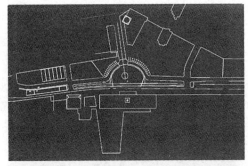

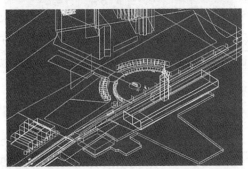

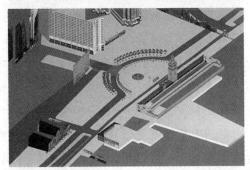

旧金山内河码头区域的三维计算机模型。图片从上至下：平面图；线框模型；经过渲染的模型；从东南方向重新设计的内河码头公路观看的场景；从南向观看渡轮大厦（Ferry Building）的场景

在制作动画的时候，要展示出逼真的运动就需要非常详细的信息，而这庞大的信息量超过了计算机实时渲染的能力。将建筑物表现为立体的线框，或是将建筑物渲染成简单的实体，都可以很容易地以实时帧速率进入运动状态，例如，每一帧的计算和显示只需要 1 / 30 秒。为了让观察者判断出模拟的场景，使他们感觉仿佛置身于真实的场景中，后期还需要将所有必要的、照片一般逼真的细节添加到模型中去，这才是问题的关键。计算机显示的逼真的动画效果仍然很慢——每一帧的动作都需要几秒钟到几分钟的计算时间。具体的时间取决于场景的复杂程度和计算机设备的等级。因此，在这个过程中，需要将一个记录装置连接在计算机上，记录（在磁带、胶片或光盘上）每一帧的运动。

因为在观众看来，一个动态影片中，前景信息比背景信息变化得更快，而背景信息是容易预先制作的[22]，工作人员可以将传统的现实世界的录像或影片叠加在计算机生成的背景之上，这样就不需要再一帧一帧地计算和渲染那些详细信息了。像《星球大战》这些电影，就是将在摄影棚现场录制的影片和计算机生成的场景叠加在一起，而这些计算机生成的场景都是电影摄影师为电影专门制作的。[23]

我所描述的技术属于设计专业中一个专门的领域，在这个领域，工作既昂贵又费时。是的，由于准备时间远远超过了实际用于设计的时间，设计师很容易陷入一种不真实的

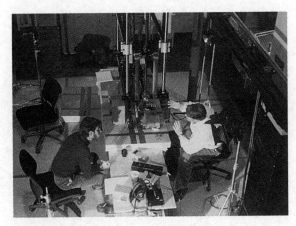

纽约模拟中心的机器人

感觉，将经过长时间努力、付出高昂成本创造出来的东西当成了事实。设计师可以尽自己所能做很多事情来控制表现和动画的成本。有很多图形技术都可以传达出场所的体验。

第3章介绍的威尼斯漫步的图片，以及第4章介绍的时代广场模型的照片，都采用了不同的方法。

使用计算机技术的优势在于，设计师可以将自己脑海中构想的一个场所形象，转换成一种看起来和感受起来都非常真实的表征，可以作为一种现实的替代品供人们体验。尽管速度赶不上人脑，而且结果很容易预测，但计算机图像技术创造了一种新的记录方式，可供人们检查与验证。作为一种设计工具，在设计的创作过程中，构想场所的概念模式和体验模式必须融合在一起。而计算机图像技术的优势就在于这种融合。用来储存场所信息的数据文件既可以表现为抽象的画面，也可以表现为具体的画面——这就是下一章的主题。

第8章
表征与设计

我们借由图解式的说明来理解这个非凡的世界，这是一种隐藏在人类灵魂深处的技巧，我们很难猜出天性在这其中所使用的秘密伎俩。

——伊曼努尔·康德
（Immanuel Kant）著，
《纯粹理性批判》
（Critique of Pure Reason）

埃里希·冈布里希（Erich Gombrich）在"艺术与幻想"（Art and Illusion）一文中引用了康德关于表征中相似性极限的论述。冈布里希认为，在表征中寻找意义是比发现秩序更重要的事情。冈布里希的观点起源于康德，其基础是人类心智与感官的进化：心智首先会提出的问题是表征意味着什么；只有在发现了其中的意义之后，人们才会准备研究表征当中事物的秩序。[1]设计师在设计时首先由一个具体的意义开始，然后尝试通过秩序的调整支持这个意义，改变一幅画的线条和造型，从而传达出身处一个空间，或是在这个空间中穿行会有怎样的感受。设计师通过表征进入一种"对话"，这是一种对建筑造型、基地实际情况以及设计目的进行复杂推理的过程。但是，图像也有自己的视觉逻辑：平面图要求方方正正，而且对象之间要有相互对应的关系（要想使各个对象排列整齐，坐标轴是很重要的）；透视图要求前景中的对象为远景构成清晰的框架，这就使得随

意选择但同时又不可或缺的框架变得没有那么重要了；鸟瞰图和轴测图则倾向于将要表现的对象缩小。视觉表征、数字表征和语言表征，每一种表征类型都遵循着自己的逻辑，与设计师"展开对话"，模糊了表征与现实之间的差异关系。

计算机绘图使设计人员能够将各种形式的表征都整合在一起。设计师可以利用数字化的数据资料在作品中表现出二维——以及三维——的图像，也包括动画，这让人们回想起了文艺复兴时期艺术家们的素描本，现代的绘图惯例就是在那个时期发明并建立起来的。很少有哪个艺术家的素描本能够像莱昂纳多·达·芬奇的那样，揭示出如此复杂的推理过程。他经常将自己设计的东西翻过来转过去，研究其中所有的关系，并将同样的一个设计绘制为鸟瞰图或轴测图速写，之后是精准的平面图或剖面图，然后再从上方绘制另一个角度的斜视图。他大量使用透视图，并经常将观察点放在视平线以上。从上方观看，设计所揭示出来的不仅是建筑的外观，还有其中蕴含的几何秩序。

本章讨论的问题就涉及莱昂纳多的方法，以及那些启蒙运动时期艺术家们的工作，旨在对他们在那个时期所发明的绘图惯例做进一步的完善。这些惯例并没有随着计算机的发展而改变，但设计师们正在尝试将各种不同形式的图像处理整合在一起，并且尝试对运动进行表现。设计师能够通过同时运用多种表现手法突

破单一表现法的局限性吗？针对同一个设计的不同表现方法能让设计师明确地描绘出未来的实际状况吗？在理想的情况下，这就是一个优秀的专业表征所能做到的事情。还是说，虚拟现实的说服力只会令设计师越来越远离现实呢？

我要从运动开始谈起。正如伯克利实验室的研究团队在拍摄比例模型和制作虚拟模型动画时所学到的，动态影像的力量有可能会影响到设计师对形式、基地和设计目的的思考方式。

我记得，当时我正在拍摄一个为旧金山设计的街道模型。街道的两侧有路缘石、人行道、树篱、围栏、建筑物和行道树。工作人员根据设计图将模型中的各个元素放置到位。之后，我们架设起摄影机，以一个沿着街道行走的人的视角拍摄影片。在取景器中，我们可以辨别出空间中三个层次的信息：沿着路缘石种植的行道树、沿着建筑红线设置的围栏或树篱，以及通往建筑前门的入口门廊和台阶。但是，要想表现出场景的深度感，就必须对模型中的各个元素进行重新排列。我的眼睛透过取景器观察，同时，用手尝试着对这三个层次进行调整。树木的位置经过重新摆放后，每个视图都变成了拥有两个层次的框架。随着摄影机沿着街道来回移动，框架内视野的电影效果开始变得明显起来。现在的模型同调整之前很接近，却又存在着一些差别。

接下来，我又用手对模型中部以及背景中的一些元素重新调整了位置，很快，相较于最初依照设计图摆放模型元素，现在的模型场景已经没有什么相似之处了。模型中各个元素不再像之前那样呈一字排开，树木的间距不再均匀，而且街道两侧的行道树也不再是一一对齐的了。经过重新布置的模型所遵循的是一种不同的逻辑，但当它以动画的形式投射到屏幕上

时，这样的场景看起来一点都不显得矫揉造作。每一对树木都呈现出完美平衡的画面。设计呈现在路人的眼前，就像是购物街上众多的展示橱窗。随着摄影机的每一次转动，参观者又看到了一种新的布局，这样的变化使他们一直保持着专注与期待。观看这样的影片，没有人会感到枯燥乏味。观众们的眼睛一直都在盯着屏幕。画面显得有些"甜蜜"；这个设计太过夸张了。首位指出这一点的观众是哥本哈根的斯文·英格弗·安德森（Sven Ingver Anderson）。他很有礼貌地说："我知道你不得不这样做。你想要解释一种新的街道概念；所以你就一定要夸大你的设计。"事实上，对这一条街道的设计已经足够应付三条街道了。这条街就是为了拍摄电影而设计的，而电影这种代表性的媒体是占据主导地位的，因此，我们的设计决策就是要支持电影生动的效果。当画面可以如此真实，但同时又如此扭曲的时候，现实本身就成了一个更迫切需要关注的问题。

1994 年，我们又创建了另一套模型来制作动画。不过这一次，模型是储存在计算机里的。模型所展示的是一个假设的住宅区，它临近一个既有的通勤铁路交通站。加利福尼亚州的交通部门想通过这个模型测试人们对于在这样一个铁路交通站附近兴建中高密度住宅的反应。在旧金山的港湾区，以前靠近铁路交通站的住宅社区中都包括诸如商店等便利设施，但是在关于人们对新建工程接受度的研究中，这些既有社区的作用是有限的。因此，我们一定要创建一个模拟的社区。我们需要制作新社区的图片和动画，展现不同的建筑密度，以便使选定的群体观看到新社区的景象，并对依模拟路线穿越社区的感受作出反应。

这些地方可能存在的一些便利设施必须被展示出来，我们一定要给观众们一种真实的印

象，让他们就好像亲身居住在那里一样，可以感受到模拟社区的建筑密度。密度，即居住在一块单位面积土地上的人口数，这是个非常抽象的概念。的确，正如建筑师阿摩斯·拉普卜特（Amos Rapoport）等人所认为的，人们对于密度的感知，其实并不仅仅是单位面积上人口数量的函数这么简单，它同时也是涉及物理和社会环境的函数。[2] 举例来说，一个社区环境中的自然绿化——绿树成荫的街道和独立的前院——有可能会使一名游客感受到的密度低于这个地区实际的密度水平。相反，人行道上拥挤的人群、路边停放的汽车，或是建筑物缺乏独立的入口，这些因素都可能会使游客感受到的密度高于这个地区实际的密度水平。

拉普卜特论点的基础是密度和拥挤程度之间的联系，"一种感官和群居超负荷的主观体验"。但是，有关拉普卜特所提出的假设却很少得到实证检验。一个隶属于交通部的委员会为我们提供了一个极佳的机会，测试一些会对人们的感知造成影响的变数。假如说拉普卜特的观察是正确的，而且在密度与"感官和群居超负荷"的感觉之间确实存在着关联，那么设计师可能就无法仅凭借伪装、掩盖密度控制居民们的感受。但是，通过为每个家庭设置一个独立的入口，建筑物的立面设计表现出私密性或个性（例如飘窗），设置私人花园，以及在街道的尽头设置诸如花园之类的居住区便利设施，在步行可达的范围内设置商店，还有火车站本身，这些因素都可能抵消掉一些"超负荷"的感觉。

以前使用模型和其他表现方法的经验使设计团队不再相信任何一种单一的表现形式。设计人员应该运用自己所知的所有表现形式，从概念性的、抽象的、图解式的示意平面图计算出建筑面积，到立面图、以研究为目的的比例模型和计算机模型，再到高度逼真的计算机模型渲染图和计算机动画。设计师希望从每一种表现手法中都能学习到相关的知识。以一种形式表现的设计决策，可以通过另一种表现形式进行检查与修正。

团队中的一名成员将所有的设计决策记录下来。设计师首先对既有的联排式住宅进行了考察，这些住宅的密度与火车站附近地区规划人员预计的密度相似，从每英亩（约0.4公顷）24个居住单元到36个居住单元不等。他们决定增加一个较低密度的规划和一个较高密度的规划：独立式的单一家庭住宅，每英亩12个居住单元，接近于支持铁路交通所需的下限[3]；以及当地的交通规划人员针对旧金山湾区枢纽站设定的目标密度，即每英亩48个居住单元。设计师设计了包括四种密度的规划方案，其中地块的大小由密度决定，但在这四种密度条件下，住宅的建筑面积都是相同的。所有建筑物所面临的居住区街道都是统一设计的，9.14米宽，两侧各有一条1.52米宽的人行道。当为计算机模型准备的建筑占地平面图绘制出来以后，就可以将相关尺寸输入数据库了。

建筑立面相互连贯的设计解决了拉普卜特所提出的感官与群居超负荷的问题。[4] 单独的出入口，抬高几步台阶的小前廊、凸窗，以及各式各样的屋顶轮廓线都被绘制出来（使用传统的绘图法）进行研究与讨论。讨论的重点集中在建筑风格的问题上，这是一个设计师用来描述建筑外观的笼统的术语。虽然设计师通常所关注的问题是发展出一种个人的风格，使自己的作品具有可识别性，但它们对于交通部的实验来说一点都不重要。我们必须选出一种前后一致、合情合理的建筑风格。然而在实验的过程中，观众对于建筑风格的感受却是，保持建筑风格的一致性也同样影响到他们对四种不

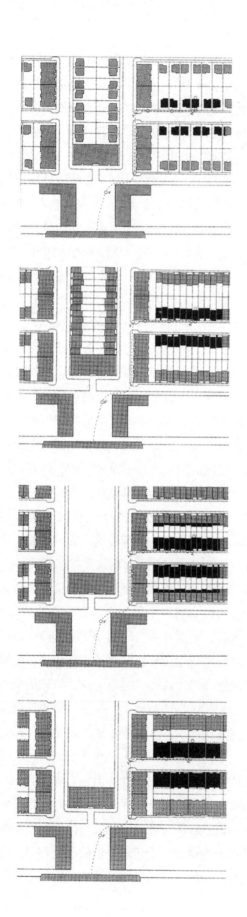

同密度环境的感知。随着计算机模型的建立，体块开始展现出来，设计师可以调整自己处于模型中的位置，从楼上的窗户向下观察街道或是后院。

绘制了"施工图"，用于数字化并转化为计算机模型。在转化之前，实验室研究团队为每种建筑类型设定了四种变体。但是，当建筑立面图展示在计算机显示器上的时候，大家做出了一个决定，要将每一栋建筑物作为一个单独的结构体更清晰地表现出来。

从绘图到计算机模型的转换，导致设计在外观上发生了一个重要的变化：模型的"坚硬"取代了之前绘图的"柔软"。计算机的光源投射在模型表面上，使建筑物看起来既精密又"坚挺"。街道看起来是崭新的，色彩矫揉造作；每一件东西看起来都完美无缺。真实的建筑边缘不会有那么精密，表面也不会有那么均匀；窗户在立面上的位置也会有所不同。但是，我们并没有什么简单的方法可以为模型增添一些缺陷，因为所有构成形体的线条都是由数字串创建而成的。设计的外观所反映的就是由矢量文件构成的精确的几何造型。有趣的是，手工制作的街道立面比例模型并不存在这些矫揉造作的问题。当参观者近距离观看的时候，就会发现手工切割的硬纸板边缘和硬纸板的表面都或多或少存在着一些瑕疵。设计团队对这种矫揉造作的状况非常担心，他们希望参观者能够对此作出正面或是负面的反馈——很可能是负面的，因为人们对于一个全新的、很显然是由同一个设计团队设计并一次性建成的地方，印象往往都是负面的。

平面图，有四种住宅密度可供选择。由上至下分别为：每英亩 12 个居住单元；每英亩 24 个居住单元；每英亩 36 个居住单元；每英亩 48 个居住单元

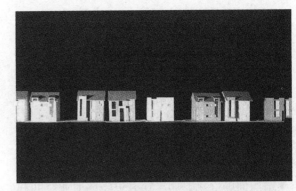

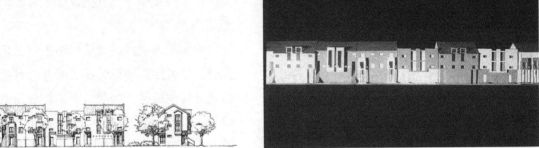

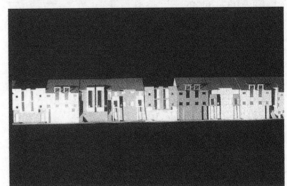

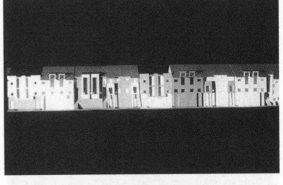

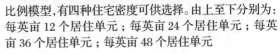

立面图，有四种住宅密度可供选择。由上至下分别为：每英亩 12 个居住单元；每英亩 24 个居住单元；每英亩 36 个居住单元；每英亩 48 个居住单元

比例模型，有四种住宅密度可供选择。由上至下分别为：每英亩 12 个居住单元；每英亩 24 个居住单元；每英亩 36 个居住单元；每英亩 48 个居住单元

四次穿越模型的"漫步"都是由通过楼上的后窗看向后院开始的，之后再通过前面的窗户俯瞰街道。然后，假想的来访者会走出前门，右转，俯视街道，之后再朝着十字路口走过去。在两个人口密度较高的社区"漫步"，参观者会经过社区街道尽头的一个公园，进入邻近的一条街道，经过一家咖啡厅和一家便利店来到车站前面的广场，那里还有更多的商业空间和户外座椅。在另外两个人口密度相对较低的社区，街道的尽头没有公园（仍然是住宅面向相邻的街道），没有咖啡厅（只有一家便利店），在车站广场上，商业空间也是比较少的。在两个人口密度较高的社区，参观者可以看到有比较多的人走向车站，而在人口密度较低的社区，走向车站的人也比较少。停放汽车的数量亦有所不同。计算机模型被设计成一个工具包，其中包含的各种变量（密度、人口数、汽车和商店）和常量（街道、车站和建筑物）都可以替换，这对于实验来说似乎是很理想的。

参与这项研究的受访者共有176位，其受教育程度和社会背景都与旧金山湾区的居民基本相似，他们观看了四种住宅密度环境下的模拟漫步（但是，该地区与家庭生活在一起的实际人口数高于抽样调查的比例）。展示出来的共有八个不同的海湾地区城镇，每个场景都是独立展示的，而住宅密度的顺序则是随意安排的。[5] 我们要求受访者对这四个社区从感觉理想到不理想进行评分，并对它们进行排序。总体来说，受访者对于他们所看到的景象大多能保持中立立场。他们偏爱没有公园，但却设有中型私家花园的社区，该方案配置的是两层独立式住宅。尽管大多数人都更喜欢最低的住宅密度，即每英亩12个居住单元，但随着密度的提升，他们给出的评分却并没有相应地降低。评分排在第二位的是每英亩36个居住单元的配置，接下来是密度最高的配置，即每英亩48个居住单元。密度第二低的配置，即每英亩24个居住单元，配有一个小型私家花园，但街道的尽头没有公园，这种方案的评分一直都是最低的。人们愿意接受附有便利设施的密度较高的社区——附近的交通中转站配有商店和服务设施。这样的结果使交通部门的规划人员受到了很大的鼓舞。尽管设计师试图努力让这些住宅看起来像是私人空间，但是所有这四种密度下的社区环境似乎都让人产生了某种超负荷的感觉。

为实验而选择的建筑风格不为参观者们所喜爱，研究团队中设计师之前并没有预料到会出现这样的结果。当受访者被要求列出一项导致他们不喜欢这个社区的因素时，28%~37%的人认为这个社区的建筑单调、冰冷，使用了太多的混凝土，过于现代、刻板、方方正正，而且千篇一律。但是，当受访者被要求列出一项他们喜爱的因素时，27%~38%的受访者提到了社区的建筑，认为它们干净、整齐、安静、友善。崭新的外观，同时引出的既有正面的反应，也有负面的反应。

受访者们表示，他们感觉社区太过密集，太过拥挤，太过狭窄，缺乏私密性，房子之间靠得太近，"感官与群居超负荷"。即便是在密度最低的社区，即每英亩配置12个居住单元，也有31%的受访者提出了这样的判断，而且随着住宅密度的增高，这一比例也随之提高：每英亩24个居住单元的方案对应的比例为42%，而两个密度最高的社区所对应的比例均为50%。

受访者们可以理解影像所代表的含义。在社区中模拟穿行可以使受访者们很清楚地感知到每种密度环境下的空间配置：有19%的受访者正确地匹配了所有模拟行进路线及其相对

动画序列,每英亩 12 个居住单元(每一栏都是由下至上观看)

动画序列，每英亩 12 个居住单元（由下至上观看）

应的住宅密度，而有 64% 的受访者成功匹配了四种密度配置当中的两种或两种以上。考虑到建筑风格高度相似，这其实是一项难度很大的任务，但通过模拟的漫步，显然使它变得相对容易了。

很多受访者都对模拟社区的清洁程度和崭新的外观发表了意见。无论他们对清洁的反应是好是坏，大家都清楚这样清洁的环境是无法指望在现实生活中出现的，就像他们不会期望找到一个完全没有瑕疵的真实场景一样。设计师设法在草坪上撒了一些落叶，却无法通过渲染将表面做旧。他们知道如何从材质"库"（会随时间不断发展）中调取他们所知道的材质图片，并一次又一次地使用它们。渲染就算称不上一门艺术，也算得上一门手艺。然而，计算机的应用并没有使这门手艺变得更容易，事实上，它变得更难了。现在的技术用来模拟直射光与环境光的算法都是相当粗糙的。没有真实感的光线，材质的表面看起来就会缺乏真实感，空间就体现不出深度感，而且参观者对于尺度的认知也会扭曲。新的应用程序到底是让设计师更贴近现实，还是更远离现实，进入一种神话领域，创造出一些旨在给人留下深刻印象的东西——创造出一种理想世界的影像，我们可能会希望生活在那里，可它却与现实遥不可及——结果究竟会怎样，还有待观察。

左图：动画序列，每英亩 24 个居住单元（由下至上观看）

中图：动画序列，每英亩 36 个居住单元（由下至上观看）

右图：动画序列，每英亩 48 个居住单元（由下至上观看）

	喜欢				不喜欢			
	12dua	24dua	36dua	48dua	12dua	24dua	36dua	48dua
景观建筑	美丽的后院 树木 植栽 绿色景观 绿树成荫 宽阔的街道 漂亮的后院 很棒的庭园 植被 街道上的树木 街道设计 45	树木 绿色景观 美丽的庭园 绿色的庭园 大量的草坪 植被 灌木 常春藤 植栽景观 树木围篱 友善的街道 友善的街道 42	树木 绿色景观 美丽的庭园 绿色的庭园 街道 平静的设计 善用广场设施 街道的尺度 树木之间的停车位 36	树木 宽阔的街道 美丽的后院 草坪 绿色景观 规划良好的停车场 28	道路上的树木 树木不够多 后院很俗气 街道过于狭窄 缺乏绿色景观 没有人行横道 没有路灯 20	绿色景观不够 街道缺乏生气 沥青路面过多 停放的汽车 缺乏美丽的风景 21	停车问题 树木太少 赤裸的公园 11	缺乏草坪 缺乏树木 街道上的树木 停车位 没有绿色景观 没有灰尘 停车位过少 没有足够的艺术 26
建筑	干净 整洁 安静 漂亮的房子 友善 前面的车库 "现代建筑" 建筑设计 很多开窗 看起来很不错 具有个性 美丽的小镇 50	干净 整洁 安静 建筑 房屋的色彩 没有涂鸦 宽阔的人行道 看起来很不错 更具个性化的家庭 有趣的建筑设计 木质围篱 前入口 用最少的资源取得良好的效果 宽敞的大房子 巴特（BART）广场 67	干净 整洁 安静 友善 洁净 相似的建筑风格 后院的视野 前入口 美丽的建筑物 有秩序的 现代 平静 看起来很安全 53	干净 安静 整洁 从窗户看出去视野很好 有趣的建筑 大面积开窗 有家的感觉 看起来很安全 活跃的社区 干净适于居住 巴特（BART） 广场 50	枯燥乏味 千篇一律 没有个性 建筑缺乏个性 建筑物的色彩 混凝土过多 混凝土 广场太过方方正正 太过干净 建筑物没有大面积开窗 建筑物缺乏创造力 65	枯燥乏味 千篇一律 混凝土过多 太过安静 建筑风格 没有安全的购物广场 无聊的设计 就是个混凝土盒子 太过方方正正 仓库看起来太过工业化 开窗太小 夜晚不够安全 59	枯燥乏味 千篇一律 混凝土过多 建筑造型乏味 冷漠 千篇一律 缺乏个性 看起来冷冰冰 看起来就像未来的贫民窟 看起来就像积木块组成的建筑项目——如果靠近交通中转站，那么就像是单调的车库 48	枯燥乏味 混凝土 建筑看起来冷漠乏味 所有的房子看起来都是千篇一律的 看起来像都市区的办公楼 建筑过于平淡 居高临下的车库 49
位置	靠近巴特广场 临近巴特广场 靠近商店 临近商店 住宅附近有停车场 21	靠近巴特广场 靠近商店 便利商店 靠近交通转运站 住宅方便进入 临近巴特广场 30	靠近巴特广场 商店 附近有停车场 便利 商业中心 靠近交通站 住宅靠近巴特广场 道路尽头没有停车场 可步行到便利设施 适于家庭居住 41	靠近巴特广场 临近巴特广场 靠近交通转运站 便利商店 商业中心 靠近购物中心 花园 学校 火车站设有咖啡厅 咖啡厅 46	孤立 没有商店 缺乏便利设施 以汽车为导向 14	没有商店 没有学校 太过靠近巴特广场 11	没有公交车 没有夜生活 9	缺少商店 靠近停车场 7
密度	大型庭院 后院 宽敞 低密度 开放空间 转角处开放空间 独立住宅 独立住宅 单一家庭住宅 独栋 私家花园 私人庭院 院子空间很宽敞 舒适的密度 宽敞 65	后院 私人庭院 大型庭院 私密 个性化绿色空间 低密度 经济利用空间 32	停车 后院 小型庭院 私人庭院 开放空间 设有围篱的庭院 大型停车场 公共停车场 开放式停车场 人口更多 很多人 宽敞 经济利用空间 46	停车 大型庭院 后院 宽敞 开放空间 独栋住宅 私密性景观 33	没有停车场 没有后院 没有前院 密度过大 整体建筑靠得太近 缺乏私密感 没有私密性 建筑密度高 建筑过多 汽车交通高 汽车的存在 52	建筑太过紧密 密度过大 没有停车场 太过密集 拥挤 太过拥挤 庭院小 像监狱一样 高层建筑 住宅附近没有开放空间 方方正正的庭院 拥挤堵塞 紧凑 幽闭恐怖 没有操场 没有儿童游乐场 更多植栽和空间 需要更多人 73	建筑太过紧密 整体密度 后院非常小 后院太过紧凑 住宅太过密集 紧凑 拥挤 高层建筑 高密度 没有开放空间 缺乏空间 生活空间狭小 像监狱一样 住宅附近的邻居 太多人 没有其他公园 80	没有后院 建筑太过紧密 整体拥挤 过于紧凑 缺乏私密性 像监狱一样 所有高层建筑都像是公寓类住宅 生活空间狭小 没有足够的空间 被困的感觉 建筑太过密集 汽车太多 邻居太多 没有游戏区 没有公园 没有个性化的庭院 80
风景					无风景可言 3		糟糕 2	糟糕 2
无	无 无 7	无 无 无 14	无 不喜欢这个地方 7	无 无 非常不喜欢 15	所有的都喜欢 所有的都喜欢 无 15	真的没什么 所有都不喜欢 12	无 所有的都喜欢 17	无 7
总计	188	185	183	175	167	179	167	171

参观者对四种不同密度的模拟社区的反应（dua = 每英亩的居住单元）

第9章
谁在观察观察者？

当设计的表征可以证明某人意图改变环境的时候，它在政治话语中就会显得尤为重要。本章讨论的重点是作为决策工具的表征，同时它也会对决策造成影响。事实上，尽管决策者需要将提案设计以图像化的形式表现出来，但关于这些表现，却很少有什么专业共识，也没有什么明确的目标。巧妙构思与想象设计的能力越强，就越有可能在规划审批的过程中，在相互对立的立场之间扭曲了对设计的表述。

决策者、规划专员、市长和理事会成员都认为城市设计提案的表征属于公共财产，属于公共领域的见证资料。优秀的表征是可以被人们理解的，而且所有将会受到设计影响的人都可以对这些设计表征提出自己的评价。设计的表征应该是完整的、准确的、吸引人的、详尽的，并且对于那些项目一旦建成就会亲身体验的人们来说，表征还应该为他们营造出真实的感觉。但是，不同的人观看视觉信息，可能也会产生不同的想法，因为参观者都会根据自己所关注的点来检视他们所看到的景象。

在旧金山市中心区规划（第5章中有相关介绍）的筹备过程中，一组城市规划人员仔细观看了一段旧金山模型的电影剪辑，影片预测了这座城市未来可能的发展状况。首先，他们对现有的状况进行了分析，之后在相同的区域内又对当前规划控制下允许的开发，以及拟议修订规划控制下允许的开发进行了对比。通过模型影片，他们可以清楚地区分出持久的和不断变化的发展模式。

对于规划人员来说，这部影片就像是一场测试。在影片放映之前，他们对于模型能否成功地表现出拟议规划方案的意图心存疑虑：平衡城市增长的需求和对历史和环境保护的关注二者之间的关系。在反复观看了这部影片之后，他们一致认为，拟议的规划方案确实会造就一些较低矮、体量较小的建筑，因为这个方案本来就是为了响应市民要求降低市中心区建筑高度的倡议而设计的。

虽然规划人员都感到非常满意，但策划总监却要求再观看一次电影的片段。在对两个备选规划方案中可能会出现的新建筑进行了详细计算之后，他意识到，在提案规划方案的控制下反而会建造更多的建筑。这位总监下面的工作人员证实了他的观察。观看过第二次之后，策划总监又要求第三次放映影片，证实了他最初的怀疑是正确的。虽然在拟议规划控制下允许的建筑物较低矮，体量也较小，但该方案允许兴建的建筑物数量却很多，其总建筑面积甚至超过现行法规所允许的水平。在拟议规划方案的控制下，建筑面积会变得更多，因为在这个方案中，规划人员增加了市中心区可供办公大楼使用的土地面积。他们重新划定了区域界线，将以前不允许开发高层建筑的区域也纳入了拟建范围。策划总监惊呼道："但是，这怎么可能呢？你们之前告诉我，我们对所有的一切都降低了区划规模。"

很明显，他对这样的结果是不满意的，他对伯克利实验室制作模型的准确性提出了质疑。而且，他还担心，一旦这些影片公诸于世，而其他人也观察到了类似的问题，那么这部影片就会带上政治色彩。

策划总监委派他的员工亲自到伯克利计算与测量模型中所有可能存在的建筑物。经过对模型中所有假设情况进行了核查之后，规划人员确定了模型的准确性（在这种情况下，很少有人会承认对错）。即便如此，规划人员仍旧坚持在随后的放映中，必须要对比另一种规划控制下未来的等量成长。如果没有对拟议规划方案进行修订，限制其允许建造的建筑面积，那么这样的表征就不能说是完全真实的。虽然，后来市民提议要对每年度允许开发的建筑面积做出限制，但提案规划方案并没有针对这个问题进行修正。[1] 在这项方案中，额外新增的可开发土地已经超过了对现有市中心区建筑高度限制所实现的补偿。

但是，旧金山的规划者们有理由对那些代表城市未来的影像提出挑战。任何一个人，只要他在决策过程中准备使用，或正在使用模拟影像，那么他就必须确保这些表征是开放的，可供他们仔细审查与独立检验。更重要的是，对于那些本来没有渠道获取相关开发信息的人们来说，这种影像式的表现是很容易理解的，因此那些委托制作和负责制作影像的人们必须注重这种表征的准确性。对模拟场景有选择性地使用，有可能会损害到这种表现形式的可信性。这也是一种扭曲与失真。业主委托工作——无论是私营开发商、政府官员，还是社区代讼人——他们通常都希望对自己所购买到的讯息有所控制。但是，假如这种控制已经损害到了表征的可信性，那么正确的做法应该是问问谁实施了这些控制。

举例来说，路易斯安那州的一个社区团体向联邦法院提起诉讼，要求阻止一条州际高速公路的建设，这条公路横跨了什里夫波特（Shreveport）附近风景秀丽的湖区。[2] 这个社区团体认为，该州政府没有充分检视拟议高速公路对环境造成的视觉影像，也没有探讨是否还存在其他可供选择的路线。联邦法院的法官责令该州应该遵循自己的法律法规，要求在所有环境影响报告中披露该项目的视觉影像。一个负责该州交通事务的代理机构很不情愿地委托伯克利实验室制作该项目的模拟资料。如果当时这个机构想要选择性地使用这些模拟信息，模拟影像的制作方就可以要求法庭以仲裁的身份插手介入此事。在这种情况下，没有必要采取此类行动。

大多数模拟工作的需求都是由建筑师和开发人员提出的，而有的时候，他们这样做并非出于自愿。例如，有一个开发商和他委任的建筑师向加利福尼亚州拉斐特市（Lafayette）——旧金山以东的一个郊区小镇——议会提交了一套新建购物中心的提案，这座购物中心的规模将"像欧洲的一座村庄一样庞大"。一个委员会的成员想要对欧洲村庄这样的类比进行更深入的了解，于是委员会要求建筑师准备一种新的表现形式进行说明，其中包括模拟步行穿越拟建购物中心的景象。这个委员会就是该项目的仲裁者，它既可以批准，也可以否决该项目的建设许可。无论何时，只要建筑师和开发商想对该购物中心的表现进行干涉影响，模拟景观的制作方就有义务指出，这项工作是为了拉斐特市议会的利益进行的。制作方会拒绝按照客户的要求对模型进行（不实）修改。

对信息进行戏剧化处理就等同于对事实的扭曲。西维塔斯（Civitas），这是纽约上东区（Upper East Side）的一个组织，他们反对在附近区域沿着林荫大道兴建30~50层的公寓大楼。该组织要求以影像的形式模拟出这些建筑兴建之后产生的累计效应。在观看模拟影片之后，该组织的成员很乐观地认为政治人物应该能够听到他们反对的声音。为了更有说服力地表明自己的立场，他们聘请了演员保罗·纽曼（Paul Newman）为伯克利实验室制作的一段电影脚本配置旁白。纽曼本人就居住在附近，他拒绝按照模拟影片制作方所编写的脚本朗读，他认为那"太过冷静客观"了。他请他的一位作家朋友重新撰写了一份旁白。

模拟影片的制作方指出，太过戏剧性的叙述会扭曲模拟的效果。[3]他们坚持保留自己对纽曼旁白剧本的审查权，而这段旁白被重复改写了很多次。事实证明，纽曼在影片中的出现，他在镜头前的讲述，都使得模拟的效果被夸大了。这样的经验表明，向未来可能会观看模拟影片的用户解释中立的原则是很有必要的：这里所谓的"中立"指的并非价值观的中立——这既不可能也不可取——而是立场的中立。在争论各方中保持立场中立的最好办法，就是坚持将所有的表征视为公共财产。此外，在公立大学开展的工作都要受到信息自由法的约束：任何人都可以询问和了解正在进行的工作内容。

中立是一种保护；它同时也是一种责任。在1985年旧金山市中心区规划被付诸法律执行之前，那一段时期的建筑评审决策都是由规划委员会自行决定的，有一个开发商要在金融区的边缘建造一栋38层的大厦，而这项决定遭到了社会团体的反对，理由是它会对诺布山（Nob Hill）上的很多住宅造成不利的影响。为了替新项目的规模辩护，开发商聘请的建筑师宣称，新建筑将会在市中心区和诺布山上小规模的住宅社区之间形成优雅的视觉过渡。但是，

规划委员会的主席对这样的说法心存疑虑，他要求开发商委员会将拟议项目模拟展示出来。在观看模拟影片之后，他投票否决了这个项目。在一次公开听证会投票前的几分钟，他诵读了这样的声明："如果这个规划委员会可以允许城市的自然轮廓线遭到破坏，如果我们可以允许这样的高楼大厦同诺布山分庭抗礼，那么我们将铸下大错，其后果甚至超过了任何城市规划委员会所犯下过的罪行。"[4]他劝诫委员会的其他成员也不要批准这个项目通过。

由于规划委员会在做出决策的时候要将模拟影片作为判断的依据，所以开发商试图利用模拟影片制作方和政府官员之间的信任，通过为提供模拟影片制作方报酬的方式协调开发支持者和决策者之间的关系。就决策者来说，他们私下已经给制作方打过电话，询问他们，该如何对拟议项目进行投票。为了保护自己的公信力，模拟制作方必须坚持他们的角色是信息的提供者，而不是政策顾问。保持中立是非常重要的原则，模拟影片的制作方永远都不应该参与谈判、仲裁或决策的过程。

尽管模拟制作方针对一个项目的优势必然有自己的看法，但他们的目标依然是很明确的：获得观众观看模拟影片的回馈，而这个回馈与直接观看真实世界的反应应该是相同的。理想情况下，模拟影片在向民众展示之前还应该安排试映。在试映期间，制作方可以针对他们在表现提案项目时所做的一些假设进行解释，而且如果有必要的话，观众也可以提醒制作方一些被遗漏的重要元素或者被忽略的细节。

本章所介绍的项目支持者、反对者、设计专业人员和决策者的角色都遵循着一种可预测的模式。信息的交流始于它在现实世界中所存在的场所，包括其所有的物理与社会维度。针对这个场所提议的改变需要通过文字、图像和

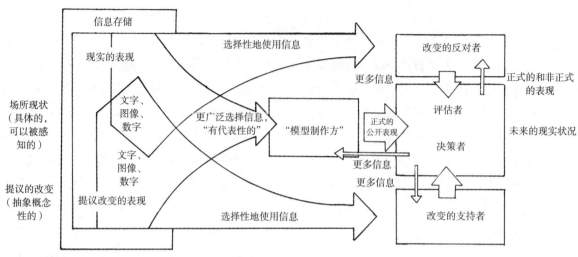

设计交流模型

数字来表示,并在设计师的工作室中以表征的形式出现。随着时间的推移,表现提议改变的地图和模型出现在绘图桌、计算机屏幕和文字处理器上。新的现实被创造出来了。项目的支持者准备好向评估人员和各位决策者提供相关的信息,他们一般是市长、委员会成员或政府特派的规划专员。但是,提交上来的信息只是从所有可用信息中选择出来的一部分。支持者所展示的都是该项提案的最大优势,对现有条件的负面影响都有意识地加以淡化,或是从简报中省略掉。而提议的反对者在筛选信息时也同样挑剔,他们所强调的都是提案的负面影响,几乎从来不会承认提案中的改变会带来何种好处(如果确实存在好处的话)。无论是支持者还是反对者,他们都将会利用对自己有利的信息,说服评估人员站在自己的立场上,对该项目提出支持或反对意见。

当然了,有经验的决策者是不容易受到支持者和反对者迷惑的,因为这些人会作出哪些行为都是可以预测的,但是当决策者面对的信息是技术性的,同时又没有对假设的状况进行

足够的讨论,那么他们很可能会不知道如何区分事实与欺骗。决策者要依赖于模拟资料。与支持者和反对者不同的是,模拟影片的制作方需要从更宏观的角度思考所有可用的信息,从而使制作出来的模拟场景既能表现出场所现实的状况,又能表现出提案的改变。无论是项目的支持者还是反对者,都有可能对模拟影片提出反驳,模拟制作方所提供的信息必须准确、经得起检验,不能让人感觉在有意偏袒争论中的任意一方。为了保证模拟影片具有纪录片真实的品质,制作方一定要保持中立立场。

无论这些原则看起来有多么理所当然,每次委托工作的时候,还是需要向实验室的客户对这些原则进行详细的解释。

我们在这里所描述的实验室实验的好处,就在于它创造出了一种实实在在的体验,可以帮助人们在此基础上做出决策。此外,表现技术的发展也促进了这一领域的发展。但随之而来的也有困难,那就是要客观地看待这些技术,并且承认它们也存在缺陷。

照明就是其中的缺陷之一。通常,表现世

界的天空都是蔚蓝、晴朗的。在模拟场景中，直射的太阳光、照亮街道的直接光源，同间接光源或漫射光所营造出的氛围是不同的。[5] 我们需要更多的实验对不同的照明条件及其对决策的影响进行评估。

在表现技术中还有另一项缺陷，就是当建筑物展示出来时，建筑设计的细节还没有全部完成。模拟实验室的设计师们不得不自己编造出看似合情合理的立面和造型。对于那些尚未完成的建筑设计，到底什么样的解释是合情合理的，其他设师一般都会有强烈的想法，所以模拟制作方就需要创作出一系列合理的设计表现不同的设计意图。任何一个项目，只要具体的建筑设计方案还没有经过审查，建筑物的规模尺寸（高度、体量、立面长度，以及街墙的连续性）就要靠模型来表现。这样的做法违背了城市设计规划的目的，因为只有当一名建筑师受委任负责一栋具体建筑物的建筑设计时，才能做出上述决定。在进程后期所做的决定将取决于个人的关注。因此，一个设计项目至少应该在两个阶段安排表现：在设计初期，一个地区整体想要塑造出来的特征尚在讨论当中，这个时候，关注的重点应该是整体的累计效应，而不是单独某一栋建筑物的设计；在后期，讨论的对象变成了具体的建筑物，这时关注的重点应该是模拟出详细具体的建筑设计。

如果模拟技术无法如实地表现出既有的环境，那么就会对新建筑产生不利的影响，除非这栋新建筑真的能适应环境。很显然，这就造成了一种设计上的偏好，设计师会偏向于符合现有环境尺度和比例的设计，而不愿做出醒目的设计。当古根海姆博物馆（Guggenheim Museum）的设计在提案时，会不会因为一种能生成真实人视图的技术而被认为是不合时宜的？我希望不会，但究竟会如何我不知道。弗兰克·劳埃德·赖特设计的建筑物与既有城市街区 200 英尺的规划尺度非常契合，同时也与第五大道沿街的街墙高度吻合。在第五大道，中央公园东侧一些街区还有几栋独栋的大厦。

在古根海姆博物馆对面的公园，哥伦布圆环项目（Columbus Circle）的模型显示，由斯基德莫尔（Skidmore）、欧文斯（Owings）和梅里尔（Merrill）设计的方案体量较小，相较于摩西·萨夫提（Moshe Saftie）设计的非常庞大的方案，前者更为合适。虽然摩西晶体形态的设计概念本身并不会令人反感，但其巨大的体量却是有问题的。从林肯中心（Lincoln Center）向南眺望百老汇，就可以看到这栋于 1985 年提案的大型建筑物；这是纽约市政府裁决的开发权交易的结果。随后，建筑师依照开发商决定的高度和体量进行了设计。

虽然从事传统设计工作的专业人员没有必要考虑他们工作中的偏见和倾向，但很显

摩西·萨夫提，哥伦布圆环项目的提案，1985 年。从林肯中心往南看向百老汇大街的场景

然，传统设计领域之外的其他专业人员会考虑这些问题。实验室的工作属于一种城市设计传统，建筑设计的发展与解释的方法都非常概念化，而实验室的工作就是针对这些方法做出的回应，这就不可避免地欠缺对人体尺度的考虑。关注城市体验的城市设计传统起源于19世纪的英国园林建筑学，例如，弗莱·雷普敦（Humphrey Repton）著名的"红皮书"（Red Books），里面介绍了很多尖锐对照的景观设计观点。在这些著作中，设计发展阶段的人视图比平面图更为重要。从景观建筑学开始，经过卡米洛·西特（Camillo Sitte）、约瑟夫·斯塔布（Joseph Stübbe）和雷蒙德·安文（Raymond Unwin）等人著书立说，该传统在城市设计领域再一次浮出了水面。本书第2章就对该传统的发展进行了论述。戈登·卡伦（Gordon Cullen）依据该传统写生，埃德蒙·培根（Edmond Bacon）则拍摄了很多他在希腊村庄漫步的照片。这场运动通过凯文·林奇关于城市心理结构的著作逐步走向成熟。

城市设计规划和一些区域规划，正如伯克利实验室所做的工作一样，都对诸如现代城市规划运动这样的传统做出了回应。现代城市规划运动强调建筑物结构，特别是空间结构，通过概念性的图示表现轻盈、宽敞、开放、清晰、纯净和诚实的建筑。在旧城翻新的区域和新城区，这些项目看起来就像一片片巨大的雕像——

准确地说，它们看起来就像白色的概念性模型。

后来，民族主义的建筑师更喜欢以鸟瞰图或轴测图解释他们的项目，因为只有从项目上方观看才能清晰地展现出他们的设计意图：通过物理元素或原型改变城市的形态。环境运动（contextual movement）主张使用展示图形 – 背景关系的规划图。每一次运动都有自己主张的独特的图形表现方式。

为了能够开发出一种综合的方法保护或改善城市面貌，负责规划城市空间的设计师们首先必须能够描述出既有城市的面貌。要想完成这项工作，他们就需要一种视觉的语言。但是，这种语言的发展是相当缓慢的。造成它发展缓慢的原因并不是技术上的，而是缺乏关于语言的要素以及如何将这些要素结合在一起的知识。我们需要将可以量化的信息同感官信息结合在一起——例如，将几何形状的外形同人们对这种外形的感觉结合在一起；将气候统计信息同人们的舒适感结合在一起；或是将建筑物与街道的尺度同一个人对时间的感知结合在一起。这样附加的结合越多，这种语言就会变得越加丰富。以一种或另一种形式，通过对视觉世界的种种现象进行测量，这是可能实现的。

探寻一种设计的视觉语言并非是徒劳无功的。这样一种综合的语言既要能表现出建筑物，又要能表现出人的感受。最好的城市就是两者兼备的。

注 释

前言

1. 斯皮罗·考斯多夫（Spiro Kostof），《建筑师》（*The Architect*）（New York: Oxford University Press, 1977）；详见前言。

2. 20世纪60年代中期，唐纳德·阿普尔亚德（Donald Appleyard）在麻省理工学院与凯文·林奇共事时进行了视觉模拟的实验，而后唐纳德在1968年创立了伯克利环境模拟实验室。唐纳德在名为"解读专业媒介：有关问题和研究梗概"（Understanding Professional Media: Issues and a Research Agenda），见《*Human Behavior and Environment*》，ed. Irwin Altman and Joachim F. Wohlwill, vol. 2（New York: Plenum Press, 1977）的文章中讨论了本书有关的许多问题。

3. 凯文·林奇在城市设计领域对推进视觉表现有重要贡献。他的著作《城市意象》（*The Image of the City*）（Cambridge: MIT Press, 1960）给许多建筑师和城市设计师注入了灵感，并使他们相信有必要以人们感知城市相关的方式来阐释他们的设计和规划方案。

4. 参考刘易斯·芒福德（Lewis Mumford）在《技术与文明》（*Technics and Civilization*）（New York: Harcourt, Brace, 1934）前言里的观点。

5. Margaret A. Hagen, ed., 《*The Perception of Pictures*》的序言，vol. I（New York: Academic Press, 1980），i.

6. 詹姆斯·J·吉布森，"表面感知与表面标记感知对比导论"（A Prefatory Essay on the Perception of Surfaces versus the Perception of Markings on a Surface），序言同上。

7. 唐林·林登（Donlyn Lyndon），"关注场所"（Caring about Places），*Places I*, no. 4（1984）.

第1章 概念与体验：两种世界观

1. 鲁道夫·阿恩海姆著（Rudolf Arnheim），"伯鲁乃列斯基的西洋镜"（Brunelleschi's Peep Show），*Zeitschrift für Kunstgeschichte* 41（1978）：57–60.

2. 参见塞缪尔·Y·埃德格顿（Samuel Y. Edgerton）估计的1425年，《文艺复兴时期线性透视的再发现》（*The Renaissance Rediscovery of Linear Perspective*）（New York: Basic Books, 1975）；马丁·肯普（Martin Kemp），《从伯鲁乃列斯基到德萨格的几何透视》（*Geometrical Perspective from Brunelleschi to Desargues*）（New York: Oxford University Press, 1985），书中认为完成时间早于1413年，以及迈克尔·库波维（Michael Kubovy），《文艺复兴时期艺术中透视图的心理学》（*The Psychology of Perspective in Renaissance Art*）（New York: Cambridge University Press, 1986），引用了一个文献说完成日期在1401~1409年之间。

3. 安东尼奥·迪·图西奥·马内蒂（Antonio di Tuccio Manetti），在约翰·怀特（John White）

所著《绘画空间的诞生与重生》（*The Birth and Rebirth of Pictorial Space*）（Boston: Boston Book and Art Shop, 1967），p116.

4. 根据马内蒂的说法，"佛罗伦萨大教堂中门内三个臂长左右的距离"，第114页。同上。

5. 出处同上。

6. 参见莱昂·巴蒂斯塔·阿尔伯蒂（Leon Battista Alberti）（1402~1472年），《画论》（*Della Pittura*），1435年。

7. 埃德格顿（Edgerton），《文艺复兴时期线性透视的再发现》，第40页。

8. 出处同上，第42页。

9. 马内蒂，在怀特所著《绘画空间的诞生与重生》，第114页。

10. 曼海姆（L. A. Mannheim）编辑，《摄影百科全书》（*The Focal Encyclopedia of Photography*）（New York: McGraw-Hill, 1969），将焦距定义为透镜把无限远处物体形成图像的平面到焦点的距离。

11. 参见大卫·霍克尼（David Hockney），"摄影技术"（On Photography），维多利亚和阿尔伯特博物馆（Victoria and Albert Museum）的讲座（New York: André Emmerich Gallery, 1983）。

12. 詹姆斯·S·阿克曼，《米开朗琪罗的建筑》（London: A.Zwemmer, 1964）。这里提到的模型在一个名为"建筑的表现：文艺复兴，从伯鲁乃列斯基到米开朗琪罗"的展览中展出，威尼斯的格拉西宫（Palazzo Grassi），1994年3~11月。

13. 莱昂纳多的伊莫拉地图，由塞萨尔·博尔吉亚（Cesare Borgia）委托，连同现场笔记和草图保存在温莎城堡皇家图书馆（Royal Library at Windsor Castle），大西洋法典（Codex Atlanticus），编号：12284。

14. 霍华德·萨尔曼（Howard Saalman），《中世纪城市》（*Medieval Cities*）（New York: George Braziller, 1968）.

15. 莱昂纳多的经纬仪包括一个圆形的，拨号式的表面以其周长划分为八个部分，对应于八度风，每一部分进一步细分为八度。在这个圆盘的中心是一个磁罗盘。由于增加了一个可移动的右风向标，也是旋转的中心，这个经纬仪在核心要素上与现代测量仪器类似（John Pinto, "Origins and Development of the Ichnographic City Plan", *Journal of the Society of Architecture Historians* 35, no. 1 [1976]: 40）.

16. 莱昂纳多测距仪在《大西洋法典》（fol. 3I2V-a and fol. I4-a, dated 1497 and 1500）中分别有描述和标注。阿尔伯蒂在著作《数学》（*Ludi matematici*）第18章写过莱昂纳多先进的发明。它来源于维特鲁威（Vitruvius）在《建筑十书》（*De Architectura*）10.9里描述的一种类似的工具。

17. 平托（Pinto），"起源和发展"（Origins and Developmen）中"平面图法"（ichnographia）最先是维特鲁威使用的，《建筑十书》1.2.2。

18. 拉斐尔（Raphael）致罗马教皇利奥十世的信全文见V. Golzio, *Raffaello, sei documenti*（Vatican City, 1936）。如需英译，见Carlo Pedretti，《*A Chronology of Leonardo da Vinci's Architectural Studies after* 1500》的附录（Geneva: E. Droz, 1962），162–170.

19. 这段叙述来自同时期的彼得罗·阿雷蒂诺（Pietro Aretino），《*Ragionamento della Corti*》，威尼斯，1538年，引用于佩德雷蒂（Pedretti）的《年表》（*Cbronology*），第161-162页。

20. 克莱门特·法西奥利（Clemente Faccioli），"Giambattista Nolli（1701-1756）e la

sua gran Pianta di Roma del 1748," *Studi Romani* *I*4（1966）：418；R·英格索尔（R. Ingersol）引用和翻译，*Design Book Review* 8, no.22（1986）.

21. 詹巴蒂斯塔·诺利（Giambattista Nolli），*Rome* 1748, intro. essay Allan Ceen（Highmount, N.Y.: J. H. Aronson, 1984）.

22.《罗马地图》（*Atlante di Roma*），第二版（Venice: Marsilio, 1991）.

第 2 章 探寻一种设计中的视觉语言

1. Clemente Faccioli, "Giambattista Nolli（1701–1756）. e la sua gran Pianta di Roma del 1748 ",《罗马研究（*Studi Romani*）I4》（1966 年）:第 433 页;引用与翻译：R. Ingersoll,《设计书评 8》（*Design Book Review*8）, no.22（1986 年）。

2. 马丁·坎普（Martin Kemp），《莱昂纳多·达·芬奇》（*Leonardo da Vinci*），（Cambrige Harverd University Press, 1981）, 230。

3. Amato P. Frutaz,《*Le Piante di Roma*》,第三卷（Rome, 1962）。

4. 拉斯马森（Steen Eiler Rasmussen），《伦敦：独一无二的城市》（*London: The Unique City*）（Cambridge : MIT Press, 1967）。

5. 雷恩（Wren），根据他的儿子克里斯托弗（Christopher）的说法："火灾发生之后，他马上就来到现场，对整个区域以及火灾所波及的范围进行了准确的测量，在这一大片灰烬与废墟中，他经历了很多困难与危险"［ "Parentalia", 1750 年，节选自雷蒙德·昂温（Raymond Unwin）著"城市规划实践"（*Town Planning in Practice*）, 伦敦, T. F. Unwin, 1990 年，第 77~80 页］。雷恩测量的准确性遭到了一些人的质疑。显然，他是通过某种方式，以极快的速度完成了测量，尽管没有找到他实地测量记录的相关资料。雷恩对于伦敦重建的规划设计并没有套用火灾前的伦敦平面图。相关内容参见马丁·布里格斯著《无与伦比的雷恩》（*Wren the Incomparable*）（London : T·F.Unwin, 1953），第 44–56 页。

6. 拉斯马森,《伦敦：独一无二的城市》，第 114 页。

7. 早在 17 世纪中叶，雷恩就研究了很多关于城市设计的文献资料，包括 Leone Battista Alberti, *De re aedifcatoria*, 1452；Martini Di Giorgio, *Trattato di architettura civilemilitare*, 约 1500；Albrecht Dürer, *Etlicher Unericht zur Befestigung der Stet, Scbloss und Fleckene*（Nuremberg, 1527）；Pietro Cataneo, *L'architettura*（Venice, 1567）；Andrea Palladio, *Quattro libri dellarchitettura*（Venice, 1570）；Daniel Speckle, *Architectura von Festungen*（Strassburg, 1589）；V. Scarmozzi, *Lidea dell* architettura universale（Venice, 1615）；Jacques Paret de Chambery, *Des fortifcations et artifices, architecture et perspective*（Paris, 1601）。关于新世界移民点的规划，参见西班牙菲利普二世（Philip Ⅱ）, *Rulas y Cedulas paraGobierno de las Indias*, 圣洛伦佐教堂（San Lorenzo）,1573 年 7 月 3 日（印度法）；翻译并讨论了阿克赛尔·蒙迪戈（Axel Mundigo）和多拉·P·克劳齐（Dora P. Crouch）的"重新审视印度法律中的城市规划条例"（The City Planning Ordinances of the Law of the Indies Revisited）,《城市规划评论》（*Town Planning Review*）, 48 期（1979 年）, 第 247~268 页。

8. 在法国逗留期间，雷恩并没有参观巴黎西南部的模范小镇黎塞留（Richelieu），该镇规划建造于 1620~1635 年，但应该参观了兴建于 1604 年的巴黎皇家广场，现在被称为孚日广场（Place des Vosges）。

9. 沃尔特·乔治·贝尔（Walter George Bell）著《1666年伦敦大火》（*The Great Fire of London*，1666），（London，1920）。雷恩、伊芙琳（Evelyn）和胡克（Hooke）的规划案，在"1666年伦敦城市规划计划"（London Town Planning Schemes in 1666）一文中进行了讨论，英国皇家建筑师学会（RIBA）期刊，1919年12月20日，第69页。

10. 拉斯马森（Rasmussen），《伦敦：独一无二的城市》（*London: The Unique City*），第115页。

11. Baron Georges-Eugène Haussmann，回忆录（*Memoirs*）第二卷，摘录与翻译：安东尼·维德勒（Anthony Vidler），"街景：理想与现实的转变，1850~1871"（The Scenes of the Streets: Transformation of Ideal and Reality，1850–1871），选自《*On Streets*》，斯坦福·安德森（Cambridgt：MIT Press，1978）。

12. 同上。

13. 参见斯图尔德·爱德华（Steward Edwards），《巴黎公社，1871年》（The Paris Commune）（London: Eyre and Spottiswoode，1971），8。

14. 罗伯特·休斯（Robert Hughes），《巴塞罗那》（Barcelona）（New York：Knopf，1992），199。

15. 根据亚历山大·拉博尔（Alexander Labore）著《*Voyage picaresques et historique en Espagne*》（Madrid，1812），出处同上，第200页。

16. 节选自艾伦·B·雅各布斯（Allan B. Jacobs），《大街》（*Great Streets*），第6章（Cambridge：MIT Press，1993）。

17. 安东尼·萨克利夫（Anthony Sutcliffe）著《巴黎市中心的秋天》（*The Autumn of Central Paris*）（London：Edward Arnold，1973），138.

18. 阿图罗·索里亚·皮格（Arturo Soria y Puig）著，"项目及其环境"（The Project and Its Circumstances），选自《*Readings on Cerda and the Extension Plansof Barclona*》（Barcelona：Laboratori D' Urbanisme，1991），312.

19. 出处同上。

20. 出处同上，第57页。

21. 塞尔达对巴塞罗那社会状况的调查，1856年，安东尼·洛普·德·阿伯阿斯图里（Antonio Lope de Aberasturi）翻译法语版《城市化一般理论》（*La theorie generale de la urbanisation*）（Paris：Seuil，1979）。

22. Ildefonso Cerda，《城市化的一般理论和原则以及在巴塞罗那改革和扩建中的应用》（*La theoris general de la urbanization y application de sus principals y doctrines a la reforma y Ensanche de Barcelona*）（Madrid，1867）。

23. Hughes，《巴塞罗那》，第289页。

24. Alessandra Di Muntoni，《*Barcelona，1859，Ilpiano sueza qualita*》（Rome：Bulzoni，1978），图23、图24、图30。

25. 休斯（Hughes），《巴塞罗那》，第198页。

26. Aldo Ross，《城市建筑》（*The Architeture of the City*），（Cambridge：MIT Press，1984）。

27. 休斯（Hughes），《巴塞罗那》，第201页。

28. Unwin，《城市规划实践》（*Town Planning in Practice*），Joseph Stübben，《城市布局的原则》（*Principles for Laying Out Cities*）（芝加哥：国际工程大会，1893年），德语版名为"Praktische und ästhetische Grundsätze für die Anlagevon Städten"，*Zeitscbrif des Österreichiscben Ingenier und Architekten Verbandes*（Vienna，1893），44。参见 Joseph Stüben，*Der Städtebau*，第三版（Leipzig：A.Kroner，1924）。

29. Camillo Sitte, *Der Städtebau nach seinen künstleriscben Grundsätzen*, 第三版（Vienna：Grasser, 1901）。

30. Carl E. Schorske, *Fin-de-Siècle Vienna: Politics and Culture*（New York: Vintage Books, 1981），25。

31. 同上。

32. Camillo Sitte, *Der Städtebau nach seinen künstlerischen Grundsätzen*，第五版（Vienna：Grasser, 1922），92.

33. 同上，第 56 页。

34. 引自 1929 年翻译的《明日之城市》（*Urbanisme*），标题为《明日之城及其规划》（*The City of Tomorrow and Its Planning*），翻译：弗雷德里克·埃切尔斯（Frederick Etchells）（Cambridge：MIT Press, 1975），18.

35. H. Allan Brooks, "柯布西耶最早的城市设计理念"（Le Corbusier's Earliest Ideas on Urban Design），选自《寻找现代建筑》（*In Search of Modern Architecture*），编辑：Helen Searing（Cambridge：MIT Press, 1983），283.

36. 同上，第 282 页。

37. Maurice Besset,《柯布西耶是谁？》（*Who Was Le Corbusier?*）（Geneva：Skira, 1968）。

38. Erich Mendelsohn and Bernhard Hoetger, "综合体——世界建筑"（Synthesis —World Architectuce），选自《20 世纪建筑的规划与宣言》（*Programs and Manifestoes on Twentieth-Century Architecture*）编辑：Ulrich Conrads；翻译：Michael ullock（Cambridge：MIT press, 1970），106–108.

39. Howard Saalman,《中世纪的城市》（*Medieval Cities*）（New York：George Braziller, 1968）。

40. Congrès Internationaux d'Architecture Moderne, 1928 年 6 月，第一次现代建筑国际会议（CIAM）在瑞士沙勒城堡举行；相关资料可参见 Conrads, *Programs*, 110。

41. Mendelsohn and Hoetger, "综合体——世界建筑"（Synthesis ——World Architectuce），106。

42. 弗兰克·劳埃德·赖特, "年轻的建筑"（Young Architecture），Conrads, *Programs*, 124。

43. Ivor de Wolfe, "创造城市景观的艺术"（The Art of Making Urban Landscapes），《建筑评论》（*Architectural Review*）（1944 年 1 月）：第 3 页。

44. 同上，第 5 页。

45. Gordon Cullen,《城市景观》（*Townscape*）（London：Architecturcl Press, 1961），15。

46. 同上。

47. 凯文·林奇, "城市意象反思"（Reconsidering the Image of the City），选自《心灵之城》（*Cities of the Mind*），Lloyd Rodwin and Robert Hollister（New York：Plenum Press, 1985），152。

48. Kenneth Boulding,《意象》（*The Image*）（Ann Arbor：University of Michigan Press, 1956）。

49. 凯文·林奇, "城市意象反思"，第 153 页。

50. Philip Thiel, "空间符号的实验"（Experiment in Space Notation），《建筑评论》（1962 年 5 月），第 326~329 页。参见 Lawrence Halprin, "符号"（Motation），引自《进步的建筑》（*Progressive Architecture*）（1969 年 7 月），第 123~133 页。

51. 林奇, "城市意象反思"第 153 页。

52. 凯文·林奇,《城市的意义与城市设计》（*City Sense and City Design*），编辑：Tridib Banerjee 和 Michael Southworth（Cambridge：MIT, 1990），251。

53. Roger M. Downs and David Stea,《意象与环境》(*Image and Environment*)(Chicago: Aldine, 1973)。

54. Stanley Milgrim,"巴黎心里地图"(Psychological Maps of Paris),引自《环境心理学》(*Environmental Psychology*),编辑：Harold M. Proshansky, William H. Helson 和 L. G. Rivlin (New York: Holt, Rinehart and Winston, 1976), 104–125。

55. 同上。

56. 扬·盖尔,《交往与空间》(*Life between Buildings*),翻译：Jo Koch (New York: Van Nostrand Reinhold, 1987)。

57. 葡萄园开发基金会,"观葡萄园"(*Looking at the Vineyard*), West Tisbury, Mass., 1973 年 1 月。

58. 通过这些图，也让我们看到了林奇心目中理想的开发模式，即集群式开发，集群的规模由地形与植被状况决定，如此就变得可以理解了。

59. 凯文·林奇,《*Managing the Sense of a Region*》(Cambridge: MIT press, 1976), 120。

第 3 章　运动的影像

1.George Rowley, *Principles of Chinese Painting* (Princeton, N.J.: Princeton Universitypress, 1947), 41。

2.同上，第 61 页。

3.Christel Habbe, *Die Räumlicbkeit der Topographie : Beiträge zum ländlicben Bau- und Siedlungxwesen.* Bericht 33, 汉诺威大学, 1991 年。参见 Graf Karlfried von Dürckheim, "Untersuchungen zum gelebten Raum,"《Neue Psychologiscke Studien, 6》, 编辑：Felix Krüger (Munich: Beck'sche Verlagsbuchlandlung, 1930)。

4.本段与下一段相关内容均节选自：威廉·詹姆斯 (William James) 著《Pychology : The Briefer Course》, 编辑：Gordon Allport (New York : Harper and Row, 1961), 147–153。

5.凯文·林奇,《*Managing the Sense of a Region*》(Cambridge : MIT Press, 1976), 100 ; Donald Appleyard, "Understanding Professional Media : Issues and a Research Agenda,"《*Human Behavior and Environment*》, 编辑：Irwin Altman and Joachim F. Wohlwill, 第二卷 (New York : Plenum Press, 1977)。

6.Peter Kamnitzer, "计算机辅助设计"(Computer Aid to Design), 节选自："建筑设计"(*Architectural Design*)(1969 年 9 月)。

7.参见 Donald Appleyard and Kenneth H. Craik, "The Berkeley Environmental Simulation Project",《*Environmental Impact Assessment, Guidelines, and Commentary*》, 编辑：Thomas C. Dickert 和 R. R. Domany (Berkeley and los Angeles : University of Califorinc Press, 1974), 121–125。参见 Donald Appleyard and Kenneth H. Craik, "The Berkeley Environmental Simulation Laboratory and Its Research Programme," *International Review of Applied Psychology* 27 (1978): 53–55。

8. Alvay J. Miller 和 Jerry Jeffrees 受雇于洛杉矶电影制片厂，负责计算机运动控制工作；参见 Thomas G. Smith,《*Industrial Light and Magic*》(NewYork: Ballatine, 1986), 9. Karl Mellander, 光学工程师，在伯克利实验阶段对 Miller 和 Jefferes 的工作提供专业指导；参见 Karl Y. Mellander, "Environmental Problems and How Arhitectural Enineering Models Solve Them", 硕士论文, 旧金山州立大学, 1978 年。

9. 在伯克利实验之前，瑞典隆德大学（the University of Lund）的 Carl-Axel Acking, G. J. Sorte 和 Richard Kueller 已经开展了相关的工作。参见 Carl-Axel Acking, "Comparisons between Some Methods of Presentations,"《Evaluation of Planned Environments》（斯德哥尔摩：瑞典国家建筑研究所，1974 年 D7 号文件）。参见 Carl-Axel Acking and Richard Kueller, "Presentation and Judgement of Planned Environment and the Hypothesis of Arousal,"选自《环境设计研究》（Environmental Design Research），编辑：Wolfgang F. E. Preiser, 第 一 卷（Stroudsburg, Pa.：Dowden, Hutchinson and Ross, 1973），72–83。

10. 在加利福尼亚大学伯克利分校，模拟实验于 1974 年结束。电影制片人 John Dyksra 后来与 George Lucas 合作，拍摄了电影《星球大战》（Star Wars），并凭借该部影片获得了奥斯卡最佳视觉效果奖。技术人员和计算机程序设计师在贝尔实验室（Bell Laboratories）和好莱坞特效工作室找到了自己的用武之地，得以继续研究他们的计算机运动控制系统。

11. Hans Lightman, "The Subjective Camera", 起初发表于《American Cinematographer》杂志（1946 年 2 月）；参见《The Movies as Medium》，编 辑：Lewis Jacobs（New York: Farrar, Straus and Giroux, 1970）。针对他自己提出的一个问题——"在电影中，所谓'客观'是什么意思？"——很多电影制片人都认为他给出的回答是正确的："我认为就物理学来说是不可能的。" Gideon Bachman 接受了 Fellini 的采访，Mademoiselle（1964 年 11 月）。

12. Lightman, The Subjective Camera, 61.

13. 著名导演阿尔弗雷德·希区柯克（Alfred Hitchcock）在他的电影《夺魂索》（Rope）（1948 年）中尝试了连拍技术。希区柯克希望电影所展现的就像是一个真正的目击者所看到的，没有任何时间的压缩与地点的变换。整部电影全长 80 分钟，它看起来是流动的，因为所有的镜头都是由一部移动摄影机连续拍摄的，没有传统的变换，比如说剪辑或叠化等处理。在《夺魂索》这部影片中，每当一卷胶片拍摄完成之后，摄影机就会转向一个黑色的表面，这样在放映的时候，整个屏幕就会变成黑色。当更换好新的胶片之后，摄影机就继续拍摄，没有明显的场景中断。

14. Smith, Industrial Light and Magic, entry for John Dykstra.

15. Kenneth H. Craik, "The Psychology of Large Scale Environments," Environmental Psycbology: Directions and Perspectives, ed. N. R. Feimer and E. S. Geller（NewYork: Praeger, 1983），67–109.

16. 1968 年通过的《环境政策法案》（Environmental Policy Act）中包含对视觉议题的关注，其根源就在于 1965 年召开的"白宫自然美景会议"（White House Conference on natural beauty）。15 个专家小组被邀请到白宫，他们的首要任务就是保护绝大多数人居住和工作的地区的景观——城市、郊区，以及与聚居点相连的乡村。

17. Appleyard and Craik, "伯克利环境模拟项目"（The Berkeley Environmental Simulation Project）。

18. 参见 Stewart Brand, The Media Lab（New York: Viking Books, 1987）.

19. Donald P. Greenberg, "Computers and Architecture: Advanced Modeling and Rendering Algorithms Allow Designers and Clients to Walk through Buildings before Construction," Scientifc American（1991 年 2 月），104–109.

20. Stewart Brand, *The Media Lab*, 108。

第二部分 实验室里的城市

1. 纽约西部高速公路拟建项目，最早是在彼得·博塞尔曼（Peter Bosselmann）撰写的"城市环境动态模拟"（Dynamic Simulation of Urban Environments）一文中介绍的，引自《环境模拟》（*Environmental Simulation*），翻译：Daniel Stokols 和 Robert W. Marans（New York：Plenum Press，1993）。

2. 例如，由查尔斯·詹克斯（Charles Jencks）撰写的《*The Prince, the Architects, and New Wave Monarchy*》（New York：Rizzoli，1988）一书中，就记录了英国城市保护运动的力量。

第4章 纽约时代广场

1. 斯坦利·罗巴茨（Stanley Robarts），"时代广场的历史"（A History of Times Square），节选自研究报告《光明地带》（*The Bright Light Zone*），编辑，William Kornblum，纽约市立大学，1978 年。

2. 参见 Jill Stone, *Times Square：A Pictorial History*（New York：Collier Books，1982），其中包括了作者自 1939 年以来在时代广场拍摄的所有照片。参见 Lou Stoumen, *Times Square：Forty-five Years of Photography*（New York：Macmillan，1982）。

3. 然而，20 世纪 90 年代中期，大型音乐剧再次受到民众的欢迎，这样的状况促使剧院团体对时代广场上一些最古来的剧院进行翻修。

4. Paul Goldberger，《纽约时报》，1985 年 10 月 6 日。

5. "百老汇剧院区，保存开发与管理规划"主张，根据"城市宪章"2004 章，将百老汇剩余的 33 家合法剧院的内部和外部全部指定为地标性建筑。1983 年 12 月，该项工作由"拯救剧院"（Save the theater, Inc.）组织会同李·哈里斯·波默罗伊（Lee Harris Pomeroy）、杰克·戈德斯坦（Jack Goldstein）、弗雷德·肯特（Fred W. Kent），以及哈佛商学院（Harvard Business School）特别工作小组共同筹备。

6.《纽约每日新闻报》（*New York Daily News*），标题，第 1 页，1985 年 8 月 28 日。

7. 市立艺术协会为时代广场模拟项目专门成立了一个咨询委员会，由尼古拉斯·科内尔（Nicholas Quenelle）和休·哈迪（Hugh Hardy）担任主席，成员包括肯特·巴威克（Kent Barwick）、保罗·比亚尔（Paul Byard）、菲利普·霍华德（Phillip Howard）和卡罗·里夫金德（Carol Rifkind）。顾问有李·波默罗伊（Lee Pomeroy）和安东尼·希斯（Anthony Hiss）。

8. 负责拍照的有杜克·克劳福德（Duke Crawford）和道格·韦伯（Doug Webb）。负责建模的有吉勒斯·德巴东（Gilles Depardon）、迈克尔·圣·皮埃尔（Michael St. Pierre）、凯瑟琳·小川（Kathryn Ogawa）、蒂莫西·阿贝尔（Timothy Abbel）、玛丽·尤达里（Mary Judary）、李云（Lea Cloud）和南茜·纽曼（Nancie Newman）。

9. 保罗·戈德伯格（Paul Goldberger），《纽约时报》，1985 年 10 月 6 日。

10. 该数据是以第七大道和百老汇蝶型交叉口附近，从四十二街到五十三街共 12 个开放项目中的 80% 为基础计算的。四十二街当时已经提案的约 400 万平方英尺的重建计划（the City at Forty-second Street）并未包含在内，在工作时间，该地区 1500 万平方英尺的办公空间将为时代广场的人行道带来 2 万至 6 万的通勤人数。

11. 模拟团队在 1985 年提交的企划中，强制限定了街道墙的高度为 50~70 英尺，而且在街道墙的上方要设置 50 英尺的退缩，以摆放标志。超过这个高度以上的部分，建筑物的提升高度需遵循 1∶2 的限定比例。如果将街道两侧建筑物的进深限定在 200 英尺之内，那么最终的建筑容积率将会是 1∶14。在参与研究的 12 个地块中，开发潜力总计为 800 万平方英尺，相较于 1982 年提出的市中心区规划控制下的 1200 平方英尺，总开发潜力降低了 30%。

12. 为了保证充足的自然光线，1982 年市中心区规划控制条例中还包含了一套日光计分系统。然而，这套系统不应该被应用于像时代广场这样的开放型区域。尽管它定义了高层建筑的平面造型，但却并没有限定未来建筑物的体量或高度。

第 5 章 旧金山市中心区

1. 东湾御庭（the Mission Bay）项目于 1984 年提案，由建筑师贝聿铭及其合伙人事务所，以及景观建筑与规划公司华莱士（Wallace）、罗伯茨（Roberts）和托德（Todd）共同设计。

2. 旧金山，1934~1974 年：《动画电影》，城市与地区发展研究所，环境模拟实验室，加利福尼亚大学伯克利分校，1972 年。

3. 在旧金山城市规划部门的主持之下，伯克利实验室制作了一部短片，描述了 1979 年 11 月在旧金山投票表决的 O 号提案的预期效果。该方案提议，要将商业区未来的办公楼允许高度降低到 20 层，市中心其他区域的建筑允许高度也要适当降低。模拟影片显示，按照当时实施的 1974 年规划控制进行设计的建筑，将会使几个市中心区的规模与特征都发生改变，特别

是联合广场附近的零售区、田德隆的酒店区、历史悠久的唐人街，以及市场街的沿线地区。

4. 20 世纪 70 年代，旧金山市中心区的办公空间以每年 150 万平方英尺的速度增长。当规划法案即将改变的消息在人们当中传开的时候，发生了一场大建设运动。20 世纪 80 年代初，每年新增的办公空间提高到了 250 万平方英尺。相关内容参见 "旧金山市区环境影响报告，旧金山市/县，旧金山市中心区增长管理的替代方案"，环境科学协会，1983 年 5 月。

5. 旧金山城市规划总监艾伦·雅各布斯（Allan Jacobs）在 1965~1983 年期间表示，尽管该市的法律工作人员对将建筑物的允许高度与立面（正面）长度挂钩的想法不予认可，但其实这一概念是有其可取之处的，并有可能会成为未来规划控制的法律依据。

6. 新的路径图是仿照维克多·欧尔焦伊（Victor Olgyay）编写的《气候设计》（*Design with Climate*）（普林斯顿大学出版社，1963 年）建立的。

7. 彼得·博塞尔曼著，"Shadow Boxing：Keeping the Sun on Chinatown Kids"，选自《景观建筑》（*Landscape Architecture*）73 卷第 4 期（1983 年），第 74 页。

8. 彼得·博塞尔曼、特伦斯·奥黑尔（Terrance O'Hare）、胡安·弗洛雷斯（Juan Flores）著《旧金山市中心区公共开放空间的阳光与照明》（*Sun and Light for Public Open Space in Downtoun San Francisco*），加利福尼亚大学伯克利分校城市与地区发展研究所，专题论文 No.034，1983 年。

9. 伊娃·利伯曼（Eva Liebermann），"旧金山市区开放空间用户调查"（User Survey of Downtown San Francisco's Open Spaces），旧金山城市规划部，1983 年。

10. L. G. Berglund and Jan A. J. Stolwijk 著，"利用人体温度调节模型评估复杂动态热环境之可接受性"（The Use of Simulation Models of Human Thermoregulation in Assessing Acceptability of Complex Dynamic Thermal Environments），选自《建筑节能策略》（Energy Conservation Strategies in Buildings），编辑：Jan A. J. Stolwijk（New Haven, Conn.: .John B. Pierce Foundation, 1978）.

11. 爱德华·阿伦斯（Edward Arens）和彼得·博斯曼（Peter Bosselmann）著，"风、阳光与温度"（Wind, Sun, and Temperature），选自《建筑与环境》（Building and Environment）第 24 卷，第 4 期（1989 年），第 315~320 页。

12. 彼得·博塞尔曼、胡安·弗洛雷斯（Juan Flores）、威廉·格雷（William Gray）著，《阳光、风与舒适性》（Sun, Wind, and Comfort），加利福尼亚大学伯克利分校城市与地区发展研究所，专题论文 No.035，1984 年。

13. Linda Groad，"新旧建筑契合度之测量"（Measuring the Fit of New to Old Architecture），选自《进步建筑 61》（Progressive Architecture61）（1983 年 11 月），第 85 页。

14. 彼得·博塞尔曼、玛莎·盖尔（Marsha Gale）著，"寻找第二大街"，选自《景观建筑》76，No.6（1986 年）：第 62~65 页。

15. 凯文·林奇、唐纳德·阿普尔亚德（Donald Appleyard），《Temporary Paradise: A Look at the Special Landscape of the San Diego Region》，圣地亚哥，1974 年专题版，由马斯滕（Marsten）公司出版；再版《城市意识与城市设计》（City Sense and City Design），凯文·林奇著，特里迪布·班纳吉（Tridib Banerjee）和迈克尔·索斯沃斯（Michael Southworth）主编（Cambridge: MIT Press，1990）。

16. Ervin H. Zube and J. L. Sell，"人体尺度与环境变迁"（Human Dimensions of Environmental Change），选自《规划文献期刊》（Journal of Planning Literature），1986 年 第 2 期：第 162~176 页。

17. 赫尔穆特·沃尔（Helmut Wohl）著，"观点"（Point of View），《波士顿大学期刊》（1972 年秋）：第 20 页。

第 6 章　多伦多市中心区：城市形态与气候

1. 莱昂·巴蒂斯塔·阿尔伯蒂（Leon Battista Alberti），《建筑十书》（Ten Books on Architecture）（1486），翻译：Cosimo Bartoli 和 James Leoni（New York: Dover, 1986），4.5.79；安德烈·帕拉第奥（Andrea Palladio），《建筑四书》（The Four Books of Architecture）（1570），翻译：Isaac Ware（New York: Dover,1969），3.1.60；Tacitus, Annales，15.168.

2.《建筑十书》，维特鲁威（Vitruvius），莫里斯·希基·摩根（Morris Hicky Morgan）（New York: Dover, 1960），4.6。"街道的方向，对风的评论"（The Directions of the Streets, with a Remark on the Winds），第 8 章。另参见约瑟夫·雷克维特（Joseph Rykwert）著《城镇的概念》（The Idea of a Town）（Princeton, N.J.：Princeton University Press，1976）。

3. 1573 年 7 月 3 日，西班牙国王菲利普二世（Philip II），《关于规划新城市、城镇或村庄的皇家法令》（Royal Ordinances Concerning the Laying Out of New Cities, Towns, or Villages），Archivo Nacional, Madrid, Ms.3017, Rulas y Cedulas para Gobierno de las Indias, San Lorenzo，1573 年 7 月 3 日（印度法典）；

Zelia Nuttall 译，《西班牙裔美国人历史评论》（*Hispanic American Historical Review*）5，第二卷（1922年5月）：249-254。

4. 托马斯·杰斐逊（Thomas Jefferson），1805年2月写给华盛顿特区德·福尔德尼（DeVolney）的信，摘自《托马斯·杰斐逊著作集》。A. A. Liscomb 和 A. L. Bergh（华盛顿特区：美国托马斯·杰斐逊纪念协会，1905年），xi, 66-67。被引用于约翰·W·雷普斯（John W. Reps）所写"托马斯·杰斐逊的棋盘城镇"（Thomas Jefferson's Checkerboard Towns），选自《建筑历史学家协会期刊》（*Journal of the Society of Architectural Historians*）20，第三卷（1961年10月）：第108~114页。

5. 区域规划协会在1929年总结和审查了这些医学研究成果，并在韦恩·D·海德克（Wayne D. Heydecker）和欧内斯特·古德里奇（Ernest Goodrich）撰写的"城市地区的阳光和日照"（Sunlight and Daylight for Urban Areas）中发表，选自《社区和社区规划》（*Neighborhood and Community Planning*）第7期（1929年）：第142~202页。

6. 布鲁诺·陶特（Bruno Taut），《Architekturlehre》，编辑：Tilmann Heinish 和 Gerd Peschken（Hamburg: Sozialistischer Arbeiter Verlag, 1977年），69。陶特提及了勒·柯布西耶于1934年7月创作的一幅著名画作，上面写着："献给阿尔及尔（Algiers），献给斯德哥尔摩（Stockholm），献给巴西的里约热内卢，献给巴黎和安特卫普，这座绿色的城市及其必不可少的快乐。"

7. 彼得·博塞尔曼（Peter Bosselmann）、爱德华·阿伦斯（Edward Arens）、克劳斯·邓克尔（Klaus Dunker）和罗伯特·莱特（Robert Wright）著，"阳光，风和行人的舒适度"（Sun, Wind, and Pedestrian Comfort），多伦多市规划和发展部，选自《城市规划91》，第25号报告，1991年6月。这里讨论的研究是受多伦多规划和发展部专员 Robert E. Millward 的委托，1990年4月至1991年4月期间在多伦多市建筑和城市设计部主任 Marc Baraness 和项目负责人 Wendy Jacobson 的监督下进行的。顾问小组成员包括 Christopher Morgan、Gary Wright、Thomas C. Keefe，以及规划与发展部门的工作人员。以下加利福尼亚大学伯克利分校的研究生对现场研究、实验室实验以及制作简报图提供了协助：James Bergdoll, Marc Fountain, David Ernest, Jane Ostermann, Kevin Gilson, Tim Mitchell, Adil Sharag-Eldin, Zhang Hui, David Lehrer, Alison Kwok, Brian Gotwals, Tom Powers, Colin Drobnis, Elaine Garrett, Kai Gutchow, Masato Matsuchita, Peter Cheng, Tracy Pitt, and Krystof Pavek。来自多伦多的学生包括 Claudio Cellucci, Ken DeWall, Henrik Dunker, Bruno Aletto, Mario Natarelli 和 Lisa Laywine。

8. 多伦多交通调查，1986年，被引用于《城市规划91》1991年6月，多伦多市。

9. 布鲁尔街的这一段没有设置长椅，但是在有设置长椅或其他座位的区域，可以接受的风速极限是每小时7英里。比这更强的风会使人们的一些行为受到影响，例如，无法拿住一张报纸。一名规划人员设定一个标准来保护人们可能会使用长椅的时间，他必须要判断超过这一标准的频率（以百分比表示）。

10. 有关风速限制的讨论，参见爱德华·阿伦斯（Edward Arens）著，"建筑设计中考虑行人风"（On Considering Pedestrian Winds during Building Design），引自《土木工程应用中的风洞建模：国际风洞建模标准与技术研讨会论文集》（*Wind Tunnel Modeling for Civil Engineering*

Application: Proceedings of the International Workshop on Wind Tunnel Modeling Criteria and Techniques），编辑：T. Reinhold（Cambridge：Cambridge University Prees，1982），第 8~26 页；Edward Arens, D. Ballanti, D. Bennett, S. Guldman 和 B. White 著，"旧金山风力条例制定及其合规指引"（Developing the San Francisco Wind Ordinance and Its Guidelines for Compliance），选自《建筑与环境》（*Building and Environment*）（伦敦）24，第 4 期（1989 年）：第 297~303 页；Alan G. Davenport 著，"环境风条件下人类舒适度标准的研究"（An Approach to Human Comfort Criteria for Environmental Wind Conditions），瑞典国家建筑奖研究所，斯德哥尔摩，1976 年；Julian C. R. Hunt, E. C. Poulton 和 J.C. Mumford 著，"风对人类的影响"（The Effects of Wind on People），引自《建筑与环境》（伦敦），II no.I（1976 年）：第 15~28 页；A. D. Penwarden 著，"城镇可接受的风速"（Acceptable Wind Speeds in Towns），引自《建筑科学》（伦敦）8（1973 年）：第 259~267 页。

11. A.Pharo Gagge, A. P. Fobelets 和 L. Berglund 著，"人体对热环境反应的标准预测指标"（A Standard Predictive Index of Human Response to the Thermal Environment），美国采暖、制冷与空调工程师学会（ASHRAE）汇报 92（1986 年）：pt. 2；Edward Arens, L. Berglund 和 R. Gonzales 著，"在大范围的环境条件下的热舒适性"（Thermal Comfort under an Extended Range of Environmental Conditions），美国采暖、制冷与空调工程师学会汇报 92（1986 年）：pt. 1；美国采暖、制冷与空调工程师学会标准 55-92，"人类居住的热环境条件"（Thermal Environmental Conditions for Human Occupancy），亚特兰大，1992 年。

12. 参见拉尔夫·诺尔斯（Ralph Knowles）著，"阳光、韵律与造型"（*Sun, Rbytbm, Form*），（Cambridge：MIT Press，1981），第 229~297 页。

13. 因为多伦多市中心区的街道上几乎没有树木，所以用于风洞和日照研究的街道模型上也没有树木。尽管在风洞试验中可以测试出树木对舒适度的影响，但是这些测试需要使用比本次研究更大型的实体模型。

第三部分 现实性与现实主义

1. 帕拉第奥在《建筑四书》（*Quattro libri*）的引言中也承认了这一点；参见詹姆斯·阿克曼（James Ackerman）著，《帕拉第奥》（*Palladio*）（Baltimore：Penguin Books，1966）。

2. 约翰·沃尔夫冈·冯·歌德著，《1786~1788 年意大利之旅》（*Italian Journey*，1786–1788），奥登（W. H. Auden）、伊丽莎白·梅尔（Elizabeth Mayer）译（San Francisio：North Point，1982），1786 年 9 月 19 日。

3. 同上，1786 年 9 月 21 日。

4. 同上，1786 年 10 月 26 日。

5. 同上。

6.Giovanni Antolini, Il *Tempio di Minerva de Asisi, confonti colle favote, di Andrea Palladio*（Milan，1883）和 Heinz Spielmann, *Andrea Palladio und die Antike, kunstwissenschaflice Studien*, 37（Bamberg: Deutscher Kunstverlag, 1966）。阿西西神庙现存两幅立面图。其中一幅出现在《建筑四书》第四版，26、105。另一幅，据说是更早的一幅——可能就是歌德在阿西西时随身携带的那本——保存在伦敦的英国皇家建筑师学会（Royal Institute of British Architects）。它是用红褐色墨水绘制的，上面还有少量的浅褐色颜料，比例尺 5 英尺为 1 Vicentine inch（9.8 毫米）。参见道

格拉斯·刘易斯（Douglas Lewis）著，《*The Drawings of Andrea Palladio*》，（华盛顿特区：道格拉斯国际展览基金会，1981~1982 年），第 52 页。

7. 海因茨·施皮尔曼（Heinz Spielmann），同上，第 107 页；我的翻译作品。

8. 查尔斯·詹克斯（Charles A. Jencks），"后现代建筑的兴起"（The Rise of Post Modern Architecture），选自《建筑协会季刊 7》（*Architecural Association Quarterly*），（1975 年 10 月 ~ 12 月）：第 3~14 页。

第 7 章　场所体验的表征

1. 基斯·亨利（Keith Henney），"照相机"，选自《摄影手册》（*Handbook of Photography*），编辑基斯·亨利和达德利（B. Dudley）（New York：Whittlesey House，McGraw–Hill, 1939），条目"焦距"（focal length）。

2. 詹姆斯·J·吉布森（James J. Gibson），"图片作为虚拟现实的替代品"，选自《现实主义的原因：詹姆斯·J·吉布森随笔选集》（*Reasons for Realism: Selected Essays of James J.Gibson*），编辑爱德华·里德（Edward Reed）、丽贝卡·琼斯（Rebecca Jones）、（Hillsdale,N.J.: Lawrence Erlbaum, 1982）。

3. 汉斯·梅尔滕斯（Hans Maertens）《*Optisches Mass für den Städtebau*》（Cohen, 1890），选自 George R. Collins 和 Christine Gasemann Collins 著《卡米洛·希泰：现代城市规划的诞生》（*Camillo Sitte: The Birth of Modern City Planning*），（New York：Rizzoli，1986），115。

4. 《亚特兰提斯·迪·威尼斯》（*Atlante di Venezia*）翻译：Chris Heffer 和 David Kerr, intro. Donatella Calabi and Edgarda Feletti（Venice: Marsilio, 1989）。

5. 同上，第 186 页，照片地图显示了威尼斯的历史中心和潟湖上的岛屿（原来的平面图为 1：500，现缩小为 1：1000）。

6. Donatella Calabi, intro., 同上，第 411 页。

7. 同上。

8. Edgarda Feletti, 同上，第 414 页。

9. 同上。

10. 该项目由加利福尼亚大学伯克利分校环境设计研究中心的 Thomas Dickert、Peter Bosselmann、Mark Smith 和 Brian Smith 负责。

11. 这个网格单元的大小既便于记录地形的变化，又便于量化拟建建筑物形成阴影的面积以及持续的时间。计算机将拟建建筑形成阴影的时间空间维度同既有阴影状况相比较，从而计算出阴影的净增量。

12. 马丁·坎普（Martin Kemp），《艺术科学》（*Science of Art*）（New Haven, Conn：Yale University Press，1990）。

13. 同上，第 315 页；参见埃里希·布鲁克（Erich Brucke）著，《*Die Physiologie der Farben*》（Leipzig: Kramer, 1866），204。

14. 坎普（Kemp），《艺术科学》（*Science of Art*），319。

15. 同上，第 316 页；坎普指的是尤金·德拉克罗瓦（Eugene Delacroix）在 1849 年至 1861 年，为圣叙尔皮斯教堂（St. Sulpice）创作的壁画上的保罗·西纳克（Paul Signac），这幅画被认为是修拉（Seurat）点彩绘画技术的先驱。

16. 同上，第 317 页。

17. 威廉·亨利·福克斯·塔尔博特（William Henry Fox Talbot）著，《自然之笔》（*The Pencil of Nature*），（London：Longman，Brown，Green and Longmans，1844），第 10 部，"The Haystack"。

18. 1861 年 5 月，物理学家詹姆斯·克拉克·麦克斯韦爵士（Sir James Clerk Maxwell）在伦敦皇家研究所演示了添加剂光学合成。相关内容参见威廉·克劳福德（William Crawford）著，《早期摄影流程的历史与工作指南》（A History and Working Guide to Early Photographic Processes）（New York: Morgan and Morgan，1979），227。

19. 威廉·J·米切尔（William J. Mitchell）著，《重塑的眼光》（The Reconfgured Eye）（Cambridge：MIT press，1992 年），第 185~189 页。

20. Thomas A. Funkhouser, Carlo H. Séquin 和 Seth Teller，"交互式建筑走查中大量数据管理"（Management of Large Amounts of Data in Interactive Buildings Walkthroughs），美国计算机协会（SIGGRAPH）三维图形互动技术研讨会 1992 年特刊，第 11~20 页。

21. 同上。

22. Thomas A. Funkhouser and Carlo H. Séquin，"复杂虚拟环境可视化过程中交互帧率的自适应显示算法"（Adaptive Display Algorithm for Interactive Frame Rates During Visualization of Complex Virtual Environments）。选自《计算机图形学》（Computer Graphics），1993 年，第 247~254 页。

23. 约翰·戴克斯特拉（John Dykstra）著，"星球大战的微型和机械特效"（Miniature and Mechanical Special Effects for Star War），选自《美国电影摄影师》（American Cinematographer 58）（1977 年）：第 702~705，732，742，750~757 页。

第 8 章　表征与设计

1. 埃里希·冈布里希（E. H. Gombrich）著，《艺术与幻想》（Art and Illusion）（London：Phaidon Press，1962）。

2. 阿摩斯·拉普卜特（Amos Rapoport）著，"密度的感知"（Perception of Density），选自《环境与行为》（Environment and Behavior 7），第二卷（1975 年 6 月）。参见威廉·迈克尔逊（William Michelson）著，《环境选择、人类行为与居住满意度》（Environmental Choice, Human Behavior, and Residential Satisfaction）（New York Oxford University Press，1977）。

3. Boris Pushkarow、Jeffrey M. Zupan 著，《公共交通与土地使用政策》（Public Transportation and Land Use Policy）（Bloomington：Indiana University Press，1997）。

4. 詹姆斯·格多尔（James Bergdoll）、里克·威廉姆斯（Rick Williams）著，"密度的感知"（Perception of Density），选自《伯克利规划期刊》（Berkeley Planning Journal 5）（1990）。该杂志是加利福尼亚大学伯克利分校城市和地区规划系的学生主办的刊物。

5. 参见罗伯特·塞维罗（Robert Cervero）和彼得·博塞尔曼著，《利用视觉模拟技术对公共交通导向开发的市场潜力评估》（An Evaluation of the Market Potential for Transit-Oriented Development Using Visual Simulation Techniques），加利福尼亚大学伯克利分校城市和区域发展研究所，专题论文 No.47，1994 年。

第 9 章　谁在观察观察者？

1. 反对在市中心区进行建设开发的社区团体准备了一份联署倡议，限制市中心区的开发。起初，这份倡议以微弱的劣势未能获得成功，后来在 1987 年 11 月，该倡议的 M 号提案终于获得了通过，将市中心区每年新增的建筑面积限制在 50 万平方英尺以内，按照旧金山的标准，这大约就是一栋中型写字楼的规模。

2. 托马斯·阿特金斯（J. Thomas Atkins）和威廉·布莱尔（William G. Blair）著，"高速公路替代方案的视觉影响"（Visual Impact of Highway Alternatives），选自《花园与景观》（*Garten und Landschaft*）8,（1983 年 ）：第632~635页；威廉·布莱尔著，"城市环境中的视觉影响评估"（Visual Impact Assessment in Urban Environments），选自《视觉项目基础分析》（*Foundation for Visual Project Analysis*），编辑：理查德·布兰森（Richard Smardon）、詹姆斯·帕尔默（James Palmer）、约翰·费勒曼（John Felleman）（New York：Wiley and Sons，1986）。

3. 彼得·波尔斯曼著，《五部电影剧本》（*Five Filmscripts*），加利福尼亚大学伯克利分校城市与区域发展研究所，工作报告 NO.511，1990 年。

4. 迈克尔·欧尼（Michael Oney）著，"吞噬旧金山的天际线"（The Skyline That Ate San Francisco），选自《加利福尼亚杂志》（*California Magazine*）（1983 年 5 月）：第 72~143 页。

5. RADIANCE,由劳伦斯·伯克利（Lawrence Berkeley）实验室开发，是本书写作期间最先进的光线追踪软件，可用于在不同的气候条件下对表面光线进行定量建模。对于定性建模——即，对光的表现——一直都存在 RADIANCE 所涉及的问题。

参考文献

书与文章以字母顺序罗列，共分为五个类别：
· 城市设计表现
· 城市形态与气候
· 知觉、认知与心理学
· 摄影、视觉艺术与电影
· 城市设计中的计算

城市设计表现

Ackerman, James. *The Architecture of Michelangelo.* London: A. Zwemmer, 1964.

———. *Palladio. Baltimo*re: Penguin Books, 1966.

Alberti, Leon Battista. *On the Art of Building* [1452]. Translated by Joseph Rykwert, Neil Leach, and Robert Tavernor. Cambridge: MIT Press, 1988.

———. *Ten Books on Architecture.* [1486]. Translated by Cosimo Bartoli and James Leoni. New York: Dover, 1986.

Alexander, Christopher, Howard Davis, and Donald Corner. *Production of Houses.* New York: Oxford University Press, 1986.

Alexander, Christopher, Hans-Joachim Neis, and I. Fiskdal King. *Battles.* New York: Oxford University Press, in preparation.

Appleyard, Donald. *Planning the Pluralistic City.* Cambridge: MIT Press, 1976.

———. "Understanding Professional Media: Issues and a Research Agenda." In *Human Behavior and Environment,* edited by Irwin Altman and Joachim F. Wohlwill, vol. 2. New York: Plenum Press, 1977.

Appleyard, Donald, Kevin Lynch, and John R. Myer. *The View from the Road.* Cambridge: MIT Press, 1964.

Ashihara, Yoshimbu. *Aesthetic Townscape.* Cambridge: MIT Press, 1983.

Atlante di Roma: La Forma del centro storico in scala 1:1000 nel fotopiano e nella carta numerica. 2d ed. Venice: Marsilio, 1991.

Atlante di Venezia: La forma della citta in scala 1:1000 nel fotopicano e nella carta numerica. Translated by Chris Heffer and David Kerr; introduction by Donatella Calibi and Edgarda Feletti. Venice: Marsilio, 1989.

Bacon, Edmund. *The Design of Cities.* Cambridge: MIT Press, 1974.

Banham, Reyner. *Theory and Design in the First Machine Age.* New York: Praeger, 1960.

Benevolo, Leonardo. *History of the City.* Translated by Geoffrey Culverwell. Cambridge: MIT Press, 1980.

Blumenfeld, Hans. "The Issue of Scale in Civic Design." In *The Modern Metropolis,* edited by Paul D. Speiregen. Cambridge: MIT Press, 1967.

Bosselmann, Peter. "Experiencing Downtown Streets in San Francisco." In *Public Streets for Public Use,* edited by Anne V. Moudon. New York: Van Nostrand Reinhold, 1987.

———. "Times Square." *Places* 4, no. 1 (1987).

———. "Transformation of a Landscape." *Places* 10, no. 3 (1996).

Bosselmann, Peter, and Marsha Gale. "Looking Out for Second Street." *Landscape Architecture* 76, no. 6 (1986).

Briggs, Martin. *Wren the Incomparable.* London: Allen and Unwin, 1953.

Broadbent, Geoffrey. *Emerging Concepts in Urban Space Design.* London: Van Nostrand, 1990.

Brooks, H. Allan. "Le Corbusier's Earliest Ideas on Urban Design." In *In Search of Modern Architecture: A Tribute to Henry Russell Hitchcock,* edited by Helen Searing. Cambridge: MIT Press, 1983.

Brusquets I Gran, Joan. *Cerda, I el seu Eixample, Laboratori d'Urbanisme Universitat Polytècnica de Catalunya.* Barcelona:

Ajuntament de Barcelona, 1990.

Cataneo, Pietro. *L'architettura* [Venice, 1567]. Milan: Edizioni il Polifilio, 1985.

Cerda, Ildefonso. *La theoris general de la urbanization y application de sus principals y doctrines a la reforma y Ensanche de Barcelona*. Madrid, 1867.

Chambery, Jacques Paret de. *Des fortifications et artifices, architecture et perspective*. Paris, 1601.

Collins, George R., and Christine Gasemann Collins. *Camillo Sitte: The Birth of Modern City Planning*. New York: Rizzoli, 1986.

Conrads, Ulrich. *Programs and Manifestoes on Twentieth-Century Architecture*. Translated by Michael Bullock. Cambridge: MIT Press, 1970.

Corbusier, Le. *The City of Tomorrow and Its Planning*. Translated by Frederick Etchells. Cambridge: MIT Press, 1971.

Cullen, Gordon. *Townscape*. London: Architectural Press, 1961.

Delevoy, Robert, et al., eds. *Rational Architecture: The Reconstruction of the European City*. Brussels: Archives d'Architecture Moderne, 1978.

Di Giorgio, Martini. *Trattato di architettura civile e militare*. Ca. 1500.

Dürer, Albrecht. *Etlicher Untericht zur Befestigung der Stet, Schloss und Fleckene* [Nuremberg, 1527]. In facsimile, Unterschneidheim: Uhl, 1969.

Düttmann, Martina, Friedrich Schmuck, and Johannes Uhl. *Color in Townscape*. San Francisco: Freeman, 1981.

Euclid. *The Thirteen Books of Euclid's Elements*. Translated by Thomas L. Hearth. New York: Dover, 1956.

Faccioli, Clemente. "Giambattista Nolli (1701–1756) e la sua gran Pianta di Roma del 1748." *Studi Romani* 14 (1966).

Ferriss, Hugh. "The New Architecture." *New York Times*, March 19, 1922. Reprinted in *Zoning and the Envelope of the Building*, edited by H. W. Corbett. New York: Pencil Points, 1923.

Fischman, Robert. *Urban Utopias in the Twentieth Century*. Cambridge: MIT Press, 1982.

Fox, Hans. *Sequenzplanung in der Stadtgestaltung*. Ph.D. dissertation. Stuttgart University, 1975.

Frutaz, Amato P. *Le Piante di Roma*. 3 vols. Rome, 1962.

Gehl, Jan. *Life between Buildings: Using Public Space*. Translated by Jo Koch. New York: Van Nostrand Reinhold, 1987.

Giedion, Siegfried. *Space, Time, and Architecture*. London: Oxford University Press, 1941.

Goethe, Johann Wolfgang von. *Italian Journey, 1786–1788*. Translated by W. H. Auden and Elizabeth Mayer. San Francisco: North Point Press, 1982.

Hillier, Bill, and Julienne Hanson. *The Social Logic of Space*. New York: Cambridge University Press, 1984.

Huxtable, Ada Louise. *The Tall Building Artistically Reconsidered*. New York: Pantheon Books, 1982.

Jacobs, Allan B. *Great Streets*. Cambridge: MIT Press, 1993.

Jencks, Charles A. *The Language of Post-Modern Architecture*. 5th rev. enl. ed. London: Academy Editions, 1987.

Jordan, David. *Transforming Paris*. New York: The Free Press, 1995.

Kemp, Martin. *Leonardo da Vinci: The Marvelous Works of Nature and Man*. Cambridge: Harvard University Press, 1981.

Kostof, Spiro. *The Architect*. New York: Oxford University Press, 1977.

———. *The City Assembled*. Boston: Bulfinch Press, Thames and Hudson, 1991.

Krier, Leon. "The Reconstruction of the City." In *Rational Architecture: The Reconstruction of the European City*, edited by Robert Delevoy et al. Brussels: Archives d'Architecture Moderne, 1978.

Krier, Robert. *Urban Space*. New York: Rizzoli, 1984.

Lippmann, Walter. *Public Opinion*. New York: Macmillan, 1960.

Loderer, Benedikt. *Stadtwanderers Merkbuch*. Munich: Callwey, 1987.

Loyer, Francois. *Paris, Nineteenth Century: Architecture and Urbanism*. New York: Abbeville Press, 1988.

Lynch, Kevin. *City Sense and City Design*. Edited by Tridib Banerjee and Michael Southworth. Cambridge: MIT Press, 1990.

———. *The Image of the City*. Cambridge: MIT Press, 1960.

———. *Managing the Sense of a Region*. Cambridge: MIT Press, 1976.

———. *Theory of Urban Form*. Cambridge: MIT Press, 1982.

————. *What Time Is This Place?* Cambridge: MIT Press, 1985.

Maertens, Hans. *Der Optische Masstab in den bildenen Künsten*. Berlin: Wasmuth, 1877.

————. *Optisches Mass für den Städtebau*. Cohen, 1890.

More, Sir Thomas. *Utopia*. Translated and edited by Robert Adams. New York: W. W. Norton, 1975.

Moudon, Anne Vernez. *Built for Change*. Cambridge: MIT Press, 1986.

Mumford, Lewis. *The City in History*. New York: Harcourt, Brace, and World, 1961.

————. *Technics and Civilization*. New York: Harcourt, Brace, 1934.

Mundigo, Axel, and Dora P. Crouch. "The City Planning Ordinances of the Law of the Indies Revisited." *Town Planning Review* (Liverpool) 48 (1979): 247–268.

Nolli, Giambattista. *Rome 1748: The Pianta grande di Roma of Giambattista Nolli in Facsimile*. Intro. essay by Allan Ceen. Highmount, N.Y.: J. H. Aronson, 1984.

Norberg Schulz, Christian. *The Concept of Dwelling*. New York: Rizzoli, 1985.

————. *Genius Loci: Towards a Phenomenology of Architecture*. New York: Rizzoli, 1980.

Palladio, Andrea. *Quattro libri dell'architettura*. Venice, 1570. Published in English as *The Four Books of Architecture* [1570]. Translated by Isaac Ware. New York: Dover, 1969.

Pare, Richard. *Photography and Architecture, 1839–1939*. Centre Canadien d'Architecture. Montreal: Callaway Editions, 1992.

Pedretti, Carlo. *A Chronology of Leonardo da Vinci's Architectural Studies after 1500*. Geneva: E. Droz, 1962.

Philip II of Spain. *Rulas y Cedulas para Gobierno de las Indias*, San Lorenzo, July 3, 1573 (The Law of the Indies). Translated by Zelia Nuttall in *Hispanic American Historical Review* 4, no. 4 (May 1921): 743–753; and 5, no. 2 (May 1922): 249–254. Also translated by Axel Mundigo and Dora P. Crouch, "The City Planning Ordinances of the Law of the Indies Revisited," *Town Planning Review* (Liverpool) 48 (1979) 247–268.

Pinto, John. "Origins and Development of the Ichnographic City Plan." *Journal of the Society of Architecture Historians* 35, no. 1 (1976).

Pundt, Hermann. *Schinkel's Berlin: A Study in Environmental Planning*. Cambridge: Harvard University Press, 1972.

Rasmussen, Steen Eiler. *København*. Copenhagen: Gads Forlag, 1969.

————. *London: The Unique City*. Cambridge: MIT Press, 1967.

————. *Towns and Buildings*. Cambridge: MIT Press, 1969.

Reps, J. *The Making of Urban America*. Princeton, N.J.: Princeton University Press, 1965.

————. *Town Planning in Frontier America*. Princeton, N.J.: Princeton University Press, 1969.

Repton, Humphry. *Observations on the Theory and Practice of Landscape Gardening*. London: Taylor, 1803.

Rossi, Aldo. *The Architecture of the City*. Cambridge: MIT Press, 1984.

Rykwert, Joseph. *The Idea of a Town*. Princeton, N.J.: Princeton University Press, 1976.

Saalman, Howard. *Haussmann: Paris Transformed*. New York: George Braziller, 1971.

————. *Medieval Cities*. New York: George Braziller, 1968.

Saarinen, Eliel. *The City*. Cambridge: MIT Press, 1943.

Scarmozzi, V. *L'idea dell'architettura universale*. Venice, 1615.

Scruton, Roger. *The Aesthetics in Architecture*. Princeton, N.J.: Princeton University Press, 1979.

Sitte, Camillo. *Der Städtebau nach seinen künstlerischen Grundsätzen*. 3d ed. Vienna: Grasser, 1901.

Southworth, Michael. *Maps. A Visual Survey and Design Guide*. Boston: Little, Brown, 1982.

Speckle, Daniel. *Architectura von Festungen*. Strassburg, 1589.

Spielmann, Heinz. *Andrea Palladio und die Antike*. Kunstwissenschaftliche Studien, 37. Bamberg: Deutscher Kunstverlag, 1966.

Spirn, Anne Whiston. *The Granite Garden*. New York: Basic Books, 1984.

Stübben, Joseph. *Der Städtebau* [1890]. 3d ed. Leipzig: A. Kroner, 1924.

Taut, Bruno. *Architekturlehre*. Edited by Tilmann Heinish and Gerd Peschken. Hamburg: Sozialistischer Arbeiter Verlag, 1977.

Trieb, Michael. *Stadtgestaltung Theorie und Praxis*. Düsseldorf: Bertelsmann, 1974.

Ungers, Oswald Mathias. *Architecture as a Theme*. New York: Rizzoli, 1982.

Unwin, Raymond. *Town Planning in Practice*. London: T. F. Unwin, 1909.

Varming, Michael. *Motorveje i Landskabet*. Copenhagen: Teknisk Forlag, 1970.

Venturi, Robert, D. Scott Brown, and S. Tzenour. *Learning from Las Vegas*. Cambridge: MIT Press, 1972.

Vidler, Anthony. "The Scenes of the Streets: Transformation of Ideal and Reality, 1850–1871." In *On Streets*, edited by Stanford Anderson. Cambridge: MIT Press, 1978.

———. "The Third Typology." In *Rational Architecture: The Reconstruction of the European City*. Edited by Robert L. Delevoy et al. Brussels: Archives d'Architecture Moderne, 1978.

Vitruvius. *Ten Books of Architecture*. Translated by Morris Hicky Morgan. New York: Dover, 1960.

Whyte, William H. *Rediscovering the Center*. New York: Doubleday, 1989.

Wren, Christopher, Jr. *Parentalia* [1750]. Faonborough, Gregg, International, 1965.

Wurman, Richard Saul. *Cities: Comparisons of Form and Scale*. Philadelphia: Joshua Press, 1974.

城市形态与气候

Arens, Edward, and Peter Bosselmann. "Wind, Sun, and Temperature: Predicting the Thermal Comfort of People in Outdoor Spaces." *Building and Environment* 24, no. 4 (1989): 315–320.

Bosselmann, Peter, Edward Arens, Klaus Dunker, and Robert Wright. "Urban Form and Climate." *Journal of the American Planning Association* 20 (1995).

Bosselmann, Peter, Juan Flores, and William Gray. *Sun, Wind, and Comfort*. Institute of Urban and Regional Development, University of California at Berkeley, Monograph no. 035, 1984.

Bosselmann, Peter, Terrance O'Hare, and Juan Flores. *Sun and Light for Public Open Space in Downtown San Francisco*. Institute of Urban and Regional Development, University of California at Berkeley, Monograph no. 034, 1983.

Davenport, Alan G. "An Approach to Human Comfort Criteria for Environmental Wind Conditions." Swedish National Building Award Institute, Stockholm, Sweden, 1976.

Gagge, A. Pharo, A. P. Fobelets, and L. Berglund. "A Standard Predictive Index of Human Response to the Thermal Environment." *ASHRAE Transactions* 92 (1986): pt. 2.

Heydecker, Wayne D., and Ernest Goodrich. "Sunlight and Daylight for Urban Areas." *Neighborhood and Community Planning* 7 (1929): 142–202.

Hunt, Julian C. R., E. C. Poulton, and J. C. Mumford. "The Effects of Wind on People." *Building and Environment* (London) 11, no. 2 (1976): 15–28.

Knowles, Ralph. *Sun, Rhythm, Form*. Cambridge: MIT Press, 1981.

Olgyay, Victor. *Design with Climate: Bioclimatic Approach to Architectural Regionalism*. Princeton, N.J.: Princeton University Press, 1963.

Penwarden, A. D. "Acceptable Wind Speeds in Towns." *Building Science* (London) 8 (1973): 259–267.

Rykwert, Joseph. *The Idea of a Town*. Princeton, N.J.: Princeton University Press, 1976.

Vitruvius. *Ten Books of Architecture*. Translated by Morris Hicky Morgan. New York: Dover, 1960.

知觉、认知与心理学

Acking, Carl-Axel, and Richard Kueller. "Presentation and Judgement of Planned Environments and the Hypothesis of Arousal." In *Environmental Design Research*, edited by Wolfgang F. E. Preiser, 1: 72–83. Stroudsburg, Pa.: Dowden, Hutchinson, and Ross, 1973.

Appleton, Jay. *The Experience of Landscape*. New York: Wiley and Sons, 1975.

Appleyard, Donald, and Kenneth H. Craik. "The Berkeley Environmental Simulation Laboratory and Its Research Programme." *International Review of Applied Psychology* 27 (1978): 53–55.

Bosselmann, Peter. "Dynamic Simulation of Urban Environments." In *Environmental Simulation: Research and Policy Issues*, edited by Daniel Stokols and Robert W. Marans. New York: Plenum Press, 1993.

Bosselmann, Peter, and Kenneth H. Craik. "Perceptual Simulations of Environments." In *Methods in Environmental and Behavior Research*, edited by R. B. Bechtel, R. W. Marcus, and W. Michelson. New York: Van Nostrand Reinhold, 1987.

Boulding, Kenneth. *The Image: Knowledge in Life and Society*. Ann Arbor: University of Michigan Press, 1956.

Broadbent, Geoffrey, R. Bunt, and T. Lloreus, eds. *Meaning and Behavior in the Built Environment.* New York: Wiley and Sons, 1980.

Brucke, Erich. *Die Physiologie der Farben.* Leipzig: Kramer, 1866.

Craik, Kenneth H. "The Comprehension of the Everyday Physical Environment." *Journal of the American Institute of Planners* 34 (1988): 29–37.

———. "Environmental Psychology." In *New Directions in Psychology,* edited by Kenneth H. Craik, B. Kleinmuntz, R. L. Rosnow, B. Rosenthal, T. A. Cheyne, and R. H. Walters, 41: 1–122. New York: Holt, Rinehart and Winston, 1970.

———. "The Psychology of Large Scale Environments." In *Environmental Psychology: Directions and Perspectives,* edited by N. R. Feimer and E. S. Geller. New York: Praeger, 1983.

Craik, Kenneth H., and N. R. Feimer. "Environmental Assessment." In *Handbook of Environmental Psychology,* edited by Daniel Stokols and J. Altmann. New York: Wiley, 1988.

Cunningham, M. C., J. A. Carter, C. P. Reese, and B. C. Webb. "Towards a Perceptual Tool in Urban Design: A Street Simulation Pilot Study." In *Environmental Design: Research,* edited by Wolfgang F. E. Preiser, 1:62–71. Stroudsburg, Pa.: Dowden, Hutchinson, and Ross, 1973.

Downs, Roger M., and David Stea. *Image and Environment: Cognitive Mapping and Spatial Behavior.* Chicago: Aldine, 1973.

Dürckheim, Karlfried Graf von. "Untersuchungen zum gelebten Raum." *Neue Psychologische Studien,* 6, edited by Felix Krüger. Munich: Beck'sche Verlagsbuchhandlung, 1930.

Edgerton, Samuel Y. *The Renaissance Rediscovery of Linear Perspective.* New York: Basic Books, 1975.

Edwards, D. S., C. P. Hahn, and E. A. Fleishmann. "Evaluation of Laboratory Methods for the Study of Driver Behavior. Relationship between Simulator and Street Performance." *Journal of Applied Psychology* 62 (1977): 559–566.

Evans, Gary W., Mary A. Skoerpanick, Tommy Gäring, K. J. Bryant, and B. Bresolin. "The Effects of Pathway Configuration, Landmarks, and Stress on Environmental Cognition." *Journal of Environmental Psychology* 4 (1984): 323–336.

Fuentes, Carlos. "Velasquez, Plato's Cave, and Bette Davis." *New York Times,* March 15, 1987.

Gibson, James J. *The Ecological Approach to Visual Perception.* Boston: Houghton Mifflin, 1979.

———. *Reasons for Realism: Selected Essays of James J. Gibson.* Edited by Edward Reed and Rebecca Jones. Hillsdale, N.J.: Lawrence Erlbaum, 1982.

Gombrich, E. H. *The Sense of Order: A Study in the Psychology of Decorative Art.* Oxford: Phaidon, 1979.

Goodey, Bryan. *Perception of the Environment.* Birmingham: University of Birmingham Press, 1971.

Hagen, Margaret A., ed. *The Perception of Pictures.* New York: Academic Press, 1980.

Helson, William H. "Environmental Perception and Contemporary Perceptual Theory." In *Environment and Cognition,* edited by W. H. Helson. New York: Seminar Press, 1978.

Holahan, Charles A. *Environmental Psychology.* New York: Random House, 1982.

Ittelson, William H. *Environment and Cognition.* New York: Seminar Press, 1973.

James, William. *Psychology: The Briefer Course.* Edited by Gordon Allport. New York: Harper and Row, 1961.

Kubovy, Michael. *The Psychology of Perspective in Renaissance Art.* New York: Cambridge University Press, 1986.

McKechnie, George E. "Simulation Techniques in Environmental Psychology." In *Perspectives on Environment and Behavior Theory, Research and Application,* edited by Daniel Stokols, 169–190. New York: Plenum, 1977.

Markelin, Antero, and Bernd Fahle. *Umweltsimulation.* Stuttgart: Karl Krämer Verlag, 1979.

Metzger, Wolfgang. *Gesetze des Sehens.* Frankfurt: Waldemar Kramer, 1953.

Milgrim, Stanley. "Psychological Maps of Paris." In *Environmental Psychology: People and Their Physical Settings,* edited by Harold M. Proshansky, William H. Helson, and L. G. Rivlin. New York: Holt, Rinehart and Winston, 1976.

Neiser, Ulric. *Cognition and Reality.* San Francisco: W. H. Freeman, 1976.

Sennett, Richard. *The Fall of Public Man.* New York: Vintage Books, 1974.

Sewell, D. W. R. "The Role of Perceptions of Professionals in Environmental Decision Making." In *Environmental Quality,* edited by J. T. Coppock and C. B. Wilson. Edinburgh: Scottish Academic Press, 1974.

Sewell, D. W. R. "The Role of Perceptions of Professionals in Environmental Decision Making." In *Environmental Quality*, edited by J. T. Coppock and C. B. Wilson. Edinburgh: Scottish Academic Press, 1974.

White, John. *The Birth and Rebirth of Pictorial Space*. Boston: Boston Book and Art Shop, 1967.

Zube, Ervin H. *Environmental Evaluation, Perception and Public Policy*. Belmont: Wadsworth, 1980.

摄影、视觉艺术与电影

Arnheim, Rudolf. *Film*. Berkeley: University of California Press, 1969.
———. *The Power of the Center*. Berkeley: University of California Press, 1988.

———. *Visual Thinking*. Berkeley: University of California Press, 1969.

Dykstra, John. "Miniature and Mechanical Special Effects for *Star Wars*." *American Cinematographer* 58 (1977): 702–705, 732, 742, 750–757.

Gernsheim, Helmut. *The History of Photography*. McGraw-Hill, 1969.

Henney, Keith, and B. Dudley, eds. *Handbook of Photography*. New York: Whittlesey House, McGraw-Hill, 1939.

Hockney, David. "On Photography." Lecture at the Victoria and Albert Museum. New York: André Emmerich Gallery, 1983.

Jacobs, Lewis, ed. *The Movies as Medium*. New York: Farrar, Straus and Giroux, 1970.

Kemp, Martin. *Science of Art*. New Haven, Conn.: Yale University Press, 1990.

Kenworthy, N. P., Jr. "A Remote Camera System for Motion-Picture and Television Production." *Journal of the SMPTE* 821 (1973): 159–169.

Klee, Paul. *The Thinking Eye*. New York: Witternborn, 1961.

Lunsden, E. "Problems of Magnification and Minification: An Explanation of the Distortions of Distance, Slat, Shape and Velocity." In *The Perception of Pictures*, edited by Margaret A. Hagen, vol. 1. New York: Academic Press, 1980.

Pare, Richard. *Photography and Architecture, 1839–1939*. Centre Canadien d'Architecture. Montreal: Callaway Editions, 1982.

Ray, S. *The Lens in Action*. New York: Hastings House, 1976.

Rowley, George. *Principles of Chinese Painting*. Princeton, N.J.: Princeton University Press, 1947.

Smith, Thomas G. *Industrial Light and Magic: The Art of Special Effects*. New York: Ballantine, 1986.

Talbot, William Henry Fox. *The Pencil of Nature*. London: Longman, Brown, Green and Longmans, 1844.

White, John. *The Birth and Rebirth of Pictorial Space*. London: Faber and Faber, 1957.

Ziff, Jerrold. "Background, Introduction of Architecture and Landscape: A Lecture by J. M. William Turner." *Journal of the Warburg and Courtault Institute* 24 (1963): 124–147.

城市设计中的计算

Brand, Stewart. *The Media Lab: Inventing the Future at MIT*. New York: Viking Books, 1987.

Eastman, Charles M. "Fundamental Problems in the Development of Computer Based Architectural Design Models." In *Computability of Design*, edited by Yehuda E. Kalay. New York: John Wiley, 1987.

Greenberg, Donald P. "Computer Graphics in Architecture." *Scientific American* (May 1974).

———. *The Computer Image*. Reading, Mass.: Addison-Wesley, 1982.

———. "Computers and Architecture: Advanced Modeling and Rendering Algorithms Allow Designers and Clients to Walk through Buildings before Construction." *Scientific American* (February 1991).

Hall, Roy. *Illumination and Color in Computer Generated Imagery*. New York: Springer-Verlag, 1989.

Kalay, Yehuda E. *Modeling Objects and Environments*. New York: John Wiley, 1989.

Kamnitzer, Peter. "Computer Aid to Design." *Architectural Design* (September 1969).

Mitchell, William J. *City of Bits: Space, Place, and the Infobahn*. Cambridge: MIT Press, 1995.

———. *The Electronic Design Studio: Architectural Knowledge and Media in the Computer Era*, edited by Malcolm McCullough, William J. Mitchell, and Patrick Purcell. Cambridge: MIT Press, 1990.

———. *The Logic of Architecture*. Cambridge: MIT Press, 1990.

———. *The Reconfigured Eye: Visual Truth in the Post-*

Photographic Era. Cambridge: MIT Press, 1992.

Negroponte, Nicolas. *The Architecture Machine.* Cambridge: MIT Press, 1970.

—————. "Computer Graphics and Visualization." In *Computer-Aided Architectural Design,* edited by Alan Pipes. London: Butterworth, 1986.

Sheppard, Stephen R. *Simulation.* New York: Van Nostrand Reinhold, 1989.

Teller, Seth, and Sequin, Carlo. "Visibility Preprocessing for Interactive Walkthroughs." *Computer Graphics* 25, no. 4 (July 1991): 61–69.

译后记

本书将"Representation"翻译为"表征"，除了在形式上作为信息记载或表达方式以外，还强调了其心理学特征和认知体验，是知识在个体心理的反映和存在方式；表征是可以指代某种事物的符号，即某种事物缺席时，它可代表该事物。"Place"译为"场所"，更倾向于"场所精神"（GENIUS LOCI）的概念，既是人直观感受到的场所，同时也是本书定性定量测定空间体量、空间形态、风光热等环境行为学研究意义上的场所。

作者彼得·博塞尔曼教授是加利福尼亚大学伯克利（Berkeley）分校环境设计学院城市设计系的终身教授，他在伯克利环境模拟实验室开展的研究完成了环境行为学方面的很多基础性工作。本书展现了他的实验和研究工作，用独特的视角追溯了建筑师、城市设计师采用设计表征的历史，包括今天最常使用的平面图诞生的历史过程；同时从建筑和城市历史的角度阐述了在罗马、巴黎、巴塞罗那、纽约、波士顿、旧金山这些伟大城市的诞生和发展历程中，设计师、规划师对城市规划设计表征的运用以及营造的意识体验感知氛围，"专业人员必须评估其绘图工具的美学和伦理暗示"。

2015年的中央城市工作会议奠定了进一步开展城市设计工作的基础，随着法规、管理办法、配套政策等的完善实施，城市设计工作对场所的塑造和影响越来越大。而当公众参与和解读成为城市设计中的一个参照系时，设计产生的过程与设计表达方法的互动性显然愈发重要，需要关注抽象概念的清晰表达，关注即将建成场所的表现图能够同时引发的情感和思虑。除了工具性的效果图和设计动画，基于场所精神的纪录片同样能够更好地表述时代和时间。同时，随着5G技术的成熟推广，可以预见在体验感知层面给予大脑更强刺激的虚拟现实技术（VR）将在不久的未来更广泛地进入城市与建筑设计的表征领域。城市发展"以人为本"的核心理念正是在最初的设计表征中就充分纳入了对人的体验感知的观照，因此研究城市设计的表征也非常有意义。故以本书以飨读者，抛砖引玉，及启慧智，也期待本书能启发读者对建筑和城市设计表达形式的新探索，并对城市和建筑风貌的设计表征和设计管理提供参考。

鉴于本书成书较早，同时译者能力和视野有所局限，译稿成文后难免存在不足，还恳请读者斧正为荷。

值夏付梓之际，感谢博塞尔曼教授的信任和嘱托；感谢杨芸协助翻译本书的工作；衷心感谢中国建筑工业出版社的董苏华老师、率琦老师的编审和补正；拜谢仇保兴理事长对我研究探索工作的勉励、支持和帮助。

闫晋波
2020 年 5 月 1 日
于三里河路 9 号院